高技能人才培养用书
国家职业技能等级认定培训教材

U0793330

中式面点师

（高级）

国家职业技能等级认定培训教材编审委员会 组编
陈洪华 主编
李祥睿 王爱红 副主编
桑艳萍 杨钰洁 豆思岚 陶丽 陶胜尧 参编

机械工业出版社
CHINA MACHINE PRESS

本书依据《国家职业技能标准 中式面点师（2018 年版）》的要求，按照标准、教材、试题相衔接的原则编写。本书介绍了高级中式面点师应掌握的技能和相关知识，涉及馅心制作、水调面品种制作、膨松面品种制作、层酥面品种制作、米制品制作、其他面坯品种制作、面点装饰等内容，并配有模拟题、模拟试卷及答案。

本书理论知识与技能训练相结合，图文并茂，适用于职业技能等级认定培训、中短期职业技能培训，也可供中高职、技工院校相关专业师生参考。

图书在版编目（CIP）数据

中式面点师：高级 / 陈洪华主编. — 北京：机械工业出版社，2023.4

高技能人才培养用书 国家职业技能等级认定培训教材

ISBN 978-7-111-72324-0

Ⅰ. ①中… Ⅱ. ①陈… Ⅲ. ①面食-制作-中国-职业技能-鉴定-教材 Ⅳ. ①TS972.116

中国国家版本馆CIP数据核字（2023）第034018号

机械工业出版社（北京市百万庄大街22号 邮政编码100037）

策划编辑：卢志林　　责任编辑：卢志林 范琳娜

责任校对：张亚楠 张 征　　责任印制：任维东

北京市雅迪彩色印刷有限公司印刷

2023年6月第1版第1次印刷

184mm × 260mm · 11.75印张 · 244千字

标准书号：ISBN 978-7-111-72324-0

定价：49.80元

电话服务　　网络服务

客服电话：010-88361066　　机 工 官 网：www.cmpbook.com

010-88379833　　机 工 官 博：weibo.com/cmp1952

010-68326294　　金 书 网：www.golden-book.com

封底无防伪标均为盗版　　机工教育服务网：www.cmpedu.com

国家职业技能等级认定培训教材

编审委员会

序

新中国成立以来，技术工人队伍建设一直得到了党和政府的高度重视。20 世纪五六十年代，我们借鉴苏联经验建立了技能人才的“八级工”制，培养了一大批身怀绝技的“大师”与“大工匠”。“八级工”不仅待遇高，而且深受社会尊重，成为那个时代的骄傲，吸引与带动了一批批青年技能人才锲而不舍地钻研技术、攀登高峰。

进入新时期，高技能人才发展上升为兴企强国的国家战略。从 2003 年全国第一次人才工作会议，明确提出高技能人才是国家人才队伍的重要组成部分，到 2010 年颁布实施《国家中长期人才发展规划纲要（2010—2020 年）》，加快高技能人才队伍建设与发展成为举国的意志与战略之一。

习近平总书记强调，劳动者素质对一个国家、一个民族发展至关重要。技术工人队伍是支撑中国制造、中国创造的重要基础，对推动经济高质量发展具有重要作用。党的十八大以来，党中央、国务院健全技能人才培养、使用、评价、激励制度，大力发展技工教育，大规模开展职业技能培训，加快培养大批高素质劳动者和技术技能人才，使更多社会需要的技能人才、大国工匠不断涌现，推动形成了广大劳动者学习技能、报效国家的浓厚氛围。

2019 年国务院办公厅印发了《职业技能提升行动方案（2019—2021 年）》，目标任务是 2019 年至 2021 年，持续开展职业技能提升行动，提高培训针对性、实效性，全面提升劳动者职业技能水平和就业创业能力。三年共开展各类补贴性职业技能培训 5000 万人次以上，其中 2019 年培训 1500 万人次以上；经过努力，到 2021 年底技能劳动者占就业人员总量的比例达到 25% 以上，高技能人才占技能劳动者的比例达到 30% 以上。

目前，我国技术工人（技能劳动者）已超过 2 亿人，其中高技能人才超过 5000 万人，在全面建成小康社会、新兴战略产业不断发展的今天，建设高技能人才队伍的任务十分重要。

机械工业出版社一直致力于技能人才培训用书的出版，先后出版了一系列具有行业影响力，深受企业、读者欢迎的教材。欣闻配合新的《国家职业技能标准》又编写了“国家职业技能等级认定培训教材”。这套教材由全国各地技能培训和考评专家编写，具有权威性和代表性；将理论与技能有机结合，并紧紧围绕《国家职业技能标准》的知识要求和技能要求编写，实用性、针对性强，既有必备的理论知识和技能知识，又有考核鉴定的理论和技能题库及答案；而且这套教材根据需要为部分教材配备了二维码，扫描书中的二维码便可观看相应资源；这套教材还配合机工教育、天工讲堂开设了在线课程、在线题库，配套齐全，编排科学，便于培训和检测。

这套教材的出版非常及时，为培养技能型人才做了一件大好事，我相信这套教材一定会为我国培养更多更好的高素质技术技能型人才做出贡献！

中华全国总工会副主席

高凤林

前言

为了进一步贯彻《国务院关于大力推进职业教育改革与发展的决定》精神，推动中式面点师职业培训和职业技能等级认定的顺利开展，规范中式面点师的专业学习与等级认定考核要求，提高职业能力水平，针对职业技能等级认定所需掌握的相关专业技能，机械工业出版社组织有一定经验的专家编写了中式面点师系列培训教材。

本书以国家职业技能等级认定考核要点为依据，全面体现“考什么编什么”，有助于参加培训的人员熟练掌握等级认定考核要求，对考证具有直接的指导作用。在编写中根据本职业的工作特点，以能力培养为根本出发点，采用项目模块化的编写方式，以高级中式面点师需具备的 7 大项目——馅心制作、水调面品种制作、膨松面品种制作、层酥面品种制作、米制品制作、其他面坯品种制作及面点装饰等来安排项目内容。内容细分为面坯调制、生坯成型、产品成熟等理论知识和技能训练，详细讲解不同面坯制品的制作工艺，引导学习者将理论知识更好地运用于实践中去，对于提高从业人员基本素质，掌握中式面点师的核心知识与技能有直接的帮助和指导作用。

本书由扬州大学陈洪华担任主编，扬州大学李祥睿、江苏省扬州旅游商贸学校王爱红担任副主编，江苏省常熟中等专业学校桑艳萍、江苏省扬州旅游商贸学校杨钰洁、江苏省扬州旅游商贸学校豆思岚、江苏省扬州市特殊教育学校陶丽、浙江省绍兴市上虞区职业中等专业学校陶胜尧参与编写。

本书编写期间得到了国家职业技能等级认定培训教材编审委员会、扬州大学、江苏省扬州旅游商贸学校、江苏省常熟中等专业学校、江苏省扬州市特殊教育学校、浙江省绍兴市上虞区职业中等专业学校等组织与单位的大力支持与协助，提出了许多十分中肯的宝贵意见，使本书在原来的基础上又增加了新知识，在此一并感谢！

由于编者水平有限，书中难免存在不妥之处，恳请广大读者提出宝贵意见和建议。

编　者

目 录

项目 1
馅心制作

项目 2 水调面品种制作

项目 3 膨松面品种制作

项目 4 层酥面品种制作

项目 5 米制品制作

项目 6 其他面坯品种制作

项目 7 面点装饰

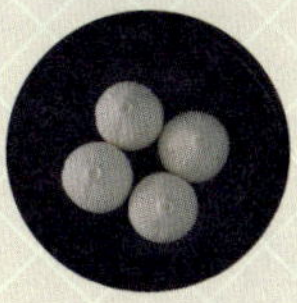

项目 1

馅心制作

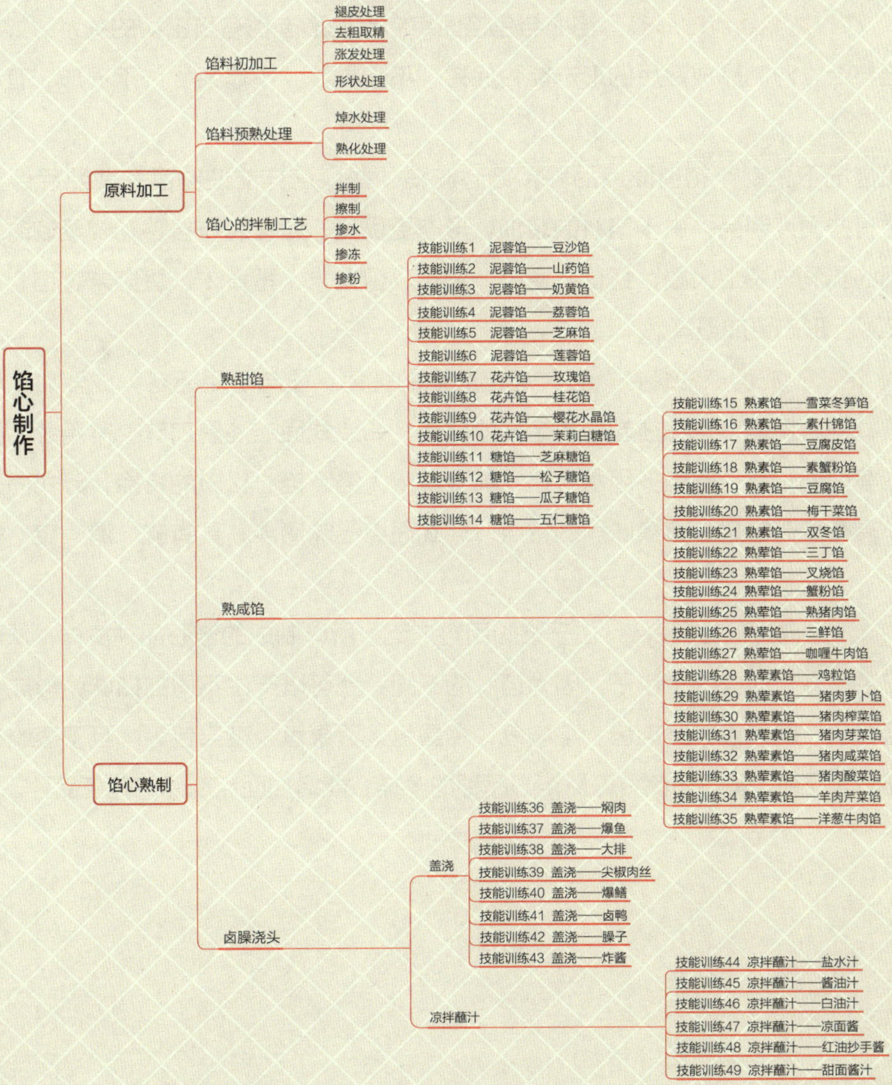
馅心制作
原料加工
馅料初加工
褪皮处理
去粗取精
涨发处理
形状处理
馅料预熟处理
焯水处理
熟化处理
馅心的拌制工艺
拌制
擦制
掺水
掺冻
掺粉
馅心熟制
熟甜馅
技能训练1 泥蓉馅——豆沙馅
技能训练2 泥蓉馅——山药馅
技能训练3 泥蓉馅——奶黄馅
技能训练4 泥蓉馅——荔蓉馅
技能训练5 泥蓉馅——芝麻馅
技能训练6 泥蓉馅——莲蓉馅
技能训练7 花卉馅——玫瑰馅
技能训练8 花卉馅——桂花馅
技能训练9 花卉馅——樱花水晶馅
技能训练10 花卉馅——茉莉白糖馅
技能训练11 糖馅——芝麻糖馅
技能训练12 糖馅——松子糖馅
技能训练13 糖馅——瓜子糖馅
技能训练14 糖馅——五仁糖馅
熟咸馅
技能训练15 熟素馅——雪菜冬笋馅
技能训练16 熟素馅——素什锦馅
技能训练17 熟素馅——豆腐皮馅
技能训练18 熟素馅——素蟹粉馅
技能训练19 熟素馅——豆腐馅
技能训练20 熟素馅——梅干菜馅
技能训练21 熟素馅——双冬馅
技能训练22 熟荤馅——三丁馅
技能训练23 熟荤馅——叉烧馅
技能训练24 熟荤馅——蟹粉馅
技能训练25 熟荤馅——熟猪肉馅
技能训练26 熟荤馅——三鲜馅
技能训练27 熟荤馅——咖喱牛肉馅
技能训练28 熟荤素馅——鸡粒馅
技能训练29 熟荤素馅——猪肉萝卜馅
技能训练30 熟荤素馅——猪肉榨菜馅
技能训练31 熟荤素馅——猪肉芽菜馅
技能训练32 熟荤素馅——猪肉咸菜馅
技能训练33 熟荤素馅——猪肉酸菜馅
技能训练34 熟荤素馅——羊肉芹菜馅
技能训练35 熟荤素馅——洋葱牛肉馅
卤臊浇头
盖浇
技能训练36 盖浇——焖肉
技能训练37 盖浇——爆鱼
技能训练38 盖浇——大排
技能训练39 盖浇——尖椒肉丝
技能训练40 盖浇——爆鳝
技能训练41 盖浇——卤鸭
技能训练42 盖浇——臊子
技能训练43 盖浇——炸酱
凉拌蘸汁
技能训练44 凉拌蘸汁——盐水汁
技能训练45 凉拌蘸汁——酱油汁
技能训练46 凉拌蘸汁——白油汁
技能训练47 凉拌蘸汁——凉面酱
技能训练48 凉拌蘸汁——红油抄手酱
技能训练49 凉拌蘸汁——甜面酱汁

馅心制作是面点制作中具有较高要求的一项工艺，包馅面点的口味、形态、特色、花色品种等都与馅心密切相关。馅心在包馅面点中的作用主要有以下几点。

（1）馅心决定面点的口味　包馅面点的口味，主要是由馅心来体现的。一是因为包馅面点制品的馅心占有较大的比重，一般是皮料占50%，馅心占50%，有的品种如春卷、锅贴、烧卖、水饺等，则是馅心多于皮料，馅心占比多达60%~80%；二是人们往往以馅心的质量作为衡量包馅面点制品质量的重要标准，包馅制品的润、嫩、香、鲜，实际上是馅心口味的具体反映。由此可见，馅心对包馅面点的口味起着决定性的作用。

（2）馅心影响面点的形态　馅心与包馅面点制品的形态也有着密切的关系。如馅心调制硬度适当与否，对制品成熟后的形态能否保持“不走样”“不塌架”“不损形”有着很大的影响。

一般情况下，制作花色面点品种，馅心应稍硬些，这样能使制品在成熟后保持形态不变，同时有些面点制品，由于馅料的装饰，形态更优美，如在制作各种花式蒸饺时，在面点生坯表面的孔洞内装上火腿、虾仁、青菜、蟹黄、蛋白末、蛋黄末、香菇末等馅心，可使制品色泽美观，形态更加逼真。

（3）馅心形成面点的特色　各种包馅面点的特色，虽与所用坯料、成型加工和熟制方法等有关，但所用馅心也往往起着决定性的作用。如京式面点注重口味，常用葱、姜、甜面酱、香油等为调辅料，肉馅多用水打馅，具有薄皮大馅、馅心松嫩的特点；苏式面点肉馅多掺皮冻，具有皮薄馅足、卤多味美的特点；广式面点馅味清淡，具有鲜、滑、爽、嫩、香的特点。

（4）馅心增加面点的品种　由于馅心用料广泛，所以制成的馅心品种多样，从而增加了面点的花色品种。同样一个包子，因为馅心的不同，就可以产生不同的口味，形成不同的花式，如蟹粉包、鸡肉包、鲜肉包、菜肉包、水晶包、百果包、苹果包等，至于蒸饺、春卷、烧卖、汤团等品种，莫不如此，可见馅心品种的多样，能增加面点制品的花色品种。

1.1 原料加工

馅料的选择要考虑不同原料的不同性质，以及同一种原料不同部位的不同特点。由多种原料制作的馅心，应根据馅料性质合理搭配原料。由于我国幅员辽阔，物产丰富，因而用于馅心制作的原料也是丰富多彩的，禽肉、畜肉等肉品，鲜鱼、虾、蟹、贝、参等水产品，以及杂粮、蔬菜、水果、干果、蜜饯、果仁等都可用于制馅，这就为馅料的选择提供了广泛的原料基础。

选料时，一是无论荤素原料，都取质嫩、新鲜、符合卫生要求的。对于各种豆类、鲜果、干果、蜜饯、果仁等原料，更是优中选好；要检查是否受潮霉变，是否有虫伤鼠害。二是在选料时，猪肉馅要选用夹心肉，因其黏性强，吸水量较大；牛肉馅选用腰板肉、前夹肉；羊肉馅选用肥嫩而无筋络的部位；鸡肉馅选用鸡脯肉；鱼肉馅宜选海产鱼中肉质较厚、出肉率高的品种；虾仁馅宜选对虾；猪油丁馅选用板油；用于制作鲜花馅的原料，常选用玫瑰花、桂花、茉莉花、白兰花等可以食用的鲜花。

馅料原料加工分为馅料初加工、馅料预熟处理和馅心的拌制工艺三个部分。

1.1.1 馅料初加工

1. 褪皮处理

褪皮处理是指有皮壳的制馅原料的去皮去壳加工处理方法。带皮壳的制馅原料主要是果仁类原料。这些原料经过褪皮处理，肉质光洁、色泽鲜明，并能够去掉原料中的苦涩味，使原料口味纯正。常见褪皮处理的原料有以下几种。

（1）豆类　制馅中常用的豆类有赤豆、绿豆等，因其淀粉含量高，制成馅口感细腻、爽滑。但外皮较粗糙、韧实。所以制馅时常需进行褪皮处理。处理方法：将豆子用清水浸泡、洗净，淘去泥沙等杂质；倒入锅内加清水煮至豆皮爆裂；煮好的豆子放入罗筛中用手擦制，使豆内淀粉通过筛眼沉淀于水中，而豆皮则留在筛内被清理掉；将过筛的粉浆装入布袋，压去水分，即成豆沙。

（2）莲子　莲子是甜馅中的上等原料之一，以湘莲质量最佳。莲子肉质洁白、味清香，但外衣色粉红、粗糙，制馅时应去掉，以免影响馅心的色泽和口感。处理方法：将莲子放入碱水中浸泡20分钟左右，然后加入沸水（水要比莲子多一倍），加盖，浸闷约1小时；用刷子刷洗莲子，并用清水冲洗干净；再用竹签捅去莲芯；将去皮、去芯后的莲子沥干水分，入蒸笼蒸至熟烂，再将熟莲子绞成蓉，即成。

（3）芝麻　芝麻有黑、白、黄三种，在去皮之前统称为糙麻。芝麻表皮粗糙无光泽，又带苦涩味，所以除黑芝麻有时用于点缀外，在制馅前一般都必须将外皮进行处理。处理方法：先将芝麻浸泡淘洗干净，然后放在簸箕中用双手揉擦，通过揉擦使表皮脱落。待表皮脱落干净后放通风处吹干，再扬去外皮，即可得到颗粒完整、油润光亮的麻仁。洗去外皮的芝麻称为洗麻，是芝麻中的上品。

用于制馅的芝麻需经炒制。炒制方法：将铁锅烧热，放入芝麻，迅速用竹刷在锅内旋炒，听到芝麻爆裂声尽快将锅端离火，倒出冷却即可。

（4）核桃　核桃是制作果仁馅的主要原料。核桃有坚硬的外壳，使用前要进行去壳处理，用小铁锤敲碎核桃壳，去掉核桃外壳、分心木等，剩下的即为桃仁。桃仁的外衣涩、有苦味，调制馅心前应进行预处理，方法是焐油或焯水去涩。

2. 去粗取精

许多鲜活原料需要去粗取精处理。鲜活原料是指从自然界采撷后未经任何加工处理（如腌制、干制等）的动植物性原料。虽然这些原料新鲜程度很高，却大都不宜直接食用，有的还含有不能被食用的部位。根据烹调和食用的要求，必须对这些原料进行合理的加工。如畜肉、禽肉和水产品等，在制作前，要将肉去骨、去皮，进行挑选和洗涤；特别是原料中的不良气味（苦、涩、腥味）都要经过处理去掉；对纤维粗、肉质老的肉类，如牛肉，应适当加小苏打浸制，使其变嫩，达到美味可口的效果。

3. 涨发处理

制馅中所用的干货原料，如木耳、香菇、海参、干贝、虾米等，为尽量恢复其鲜嫩、细腻、松软的组织结构，常用水发、碱发、油发等涨发手法处理。干货涨发时，要根据具体品种的口味要求确定涨发方法。

（1）水发　水发主要有泡发、煮发、焖发、蒸发等方法。

1）泡发就是将干料放入沸水或温水中浸泡，使其吸水涨大。这种方法适用于体小质嫩或略带异味的干料，如鱼干、银耳、粉条、脱水干菜等。

2）煮发就是将干料放入水中煮，使其涨发回软。这种方法适用于体大质硬或带泥沙及腥臊气味较重的干料，如鱼皮等。

3）焖发是和煮发相结合的操作方法。经煮发又不宜久煮的干料，当煮到一定程度时，应改用微火或将煮锅离火，盖紧锅盖，进行焖发。如海参，需要先煮再焖，才能发透。

4）蒸发就是将干料放在容器内，加水上笼蒸制，利用蒸汽传热，使其涨发，并能保持其原形、原汁和鲜味，也可加入调味品或其他配料一起蒸制，以提高质量，适用于金钩、鲍鱼、干贝等。

（2）碱发　碱发就是将干料先用冷水浸泡后，再放在碱水里浸泡，使其涨发回软的方法。碱发能使坚硬的原料变得质地松软柔嫩，如鱿鱼、墨鱼等，用碱发最为适宜。这种方法是利用碱所具有的腐蚀及脱脂性能，促使干料吸收水分，缩短发料时间，但也会使原料的营养成分损失。

（3）油发　油发就是将干料放在油锅中炸发，经过加热，利用油的传热作用，使干料中所含的水分蒸发而变得膨胀、松脆。油发一般用于胶质、结缔组织较多的干料，如鱼肚、蹄筋、肉皮等。

4. 形状处理

为适应面点成型、熟制的需要，馅料一般都加工成细丝、小丁、粒、末、蓉等形状。常用的形状处理方法有以下几种。

（1）绞法　用绞肉机将原料绞碎，适用于将多种原料加工成细小的末、泥、蓉等形状，如鲜肉等。

（2）擦法　用擦板或刨子加工，适用于将蔬菜根茎、果实等原料加工成丝状；还适用于将粉质含量多的原料加工成泥蓉状或去皮处理，常用筛子擦洗，可保证粉粒细而爽滑，如豆沙、枣泥等。

（3）切法　适宜加工各种丝、丁状，如里脊肉、鸡肉、笋子等。

（4）剁法　适用于将质脆、含水量高、体形大的原料加工成细碎的形状。一般先切成小块，再有顺序地剁匀、剁细，如青菜、虾仁等。

（5）研磨或粉碎　适用于将质松脆、有硬度的原料加工成粉蓉状，采用研钵、粉碎机等工具加工，如麻仁、各种香辛料等。

1.1.2　馅料预熟处理

馅料预熟处理主要是对制作馅心的原料进行初步熟处理，使之适合制作馅心和食用。

1. 焯水处理

焯水是以水为加热介质使原料半熟或刚熟的一种方法。根据原料的性质和制馅的要求，焯水分为沸水焯水和冷水焯水。

大部分新鲜蔬菜都必须焯水，一般采用沸水焯水。焯水有三个作用。一是使蔬菜变软，便于刀工处理。二是消除异味。如油菜、芹菜等均带有一些异味，通过焯水可以消除。三是有效地防止部分蔬菜的褐变。如芋艿、藕、慈姑等，通过焯水可使酶失活，防止褐变。

牛羊肉等有膻味的动物性原料，根据制馅的需要，一般采用冷水焯水处理的方式。

2. 熟化处理

（1）面粉熟化　将干面粉通过加热使蛋白质变性，从而降低面粉中面筋的含量，称为面粉的熟化。面粉经熟化处理后吃水量较高，可增加馅心的甜软酥松度，油而不腻，并能使馅心产生特殊的炒面香气。

面粉的熟化工艺有蒸熟、烘熟两种。蒸熟，是将生面粉放入用干笼布垫好的蒸笼中，通过蒸汽使面粉熟化。采用干蒸工艺的面粉，其淀粉不发生糊化，冷却过筛后粉质仍然洁白松散。蒸熟的面粉不仅可用于制馅，还可用于蛋糕、棉花包、桃酥等面点品种的制作。烘熟，是将生面粉用干净烤盘装好，放入120~140℃炉温中烘烤至熟。经过烘熟处理的面粉冷却过筛后有香气，色泽微黄，吃水量较大，多用于调制甜馅。

（2）糯米熟化　将糯米炒熟磨制成粉，称为糯米熟化。糯米经熟化处理后具有吸水力强、黏性大的特点。利用糯米的这一特性制馅，可使馅心纯滑带韧、软糯清香。如广式月饼馅心就是用熟化处理的糯米粉作为馅料黏合剂而形成广式月饼特色的。经熟化处理的糯米粉，行业中称糕粉，也叫加工粉或潮州粉。其工艺过程是：将糯米淘洗干净，用温热水浸透，滤干水分后放入锅中迅速翻炒，待米粒发白发松即可出锅，冷却后磨制成粉。

刚制好的糕粉不宜使用，这种糕粉行业中称为暴糕粉，如用于制作点心，制品口感较粗且容易变形。糕粉应摊放一段时间（2~3周）再使用，这时糕粉性质纯和，口感细腻软糯，成品定型好，并可吸收馅心中较多的水分，使馅心更为软滑。糕粉是甜馅理想的黏合原料。

（3）过油工艺　过油又称划油、拉油，是指用中火力、中油量、温油锅，将原料放入油锅中迅速划开，划散成半成品的熟化处理方法。“滑熘鸡片”的过油就属于这种方法。

划油主要取用很嫩鲜的鸡、鸭、鱼、虾或猪、牛、羊、兔等嫩鲜部位的原料。划油的原料必须加工成较薄、较细、体积较小的形状，如薄片、细丝、小丁、细条等，这样才能使原料在加热中快速成熟，快速出锅，进而保证半成品滑嫩的口感要求。

划油工艺流程是：把干净油锅放在中火灶上，烧热，放入净油，加热到80~110℃，快速放入原料下锅划散，轻轻搅动，待原料浮到油面，片刻后捞出，最后沥干余油备用。划油后的原料适合旺火速成的炒、爆、烹等烹调方法。在馅心制作中，滑鸡馅、三丁馅等都可以采用划油的方法来处理。

（4）烹法工艺　馅心除了拌制之外，还有一些运用烹调方法的制馅手段，如炒馅、烩馅和熬馅等。

如三丁馅的制作，主料有鸡脯肉、猪肉、笋子等，调辅料有鸡汤、精盐、料酒、色拉油、芝麻油、酱油、白糖、葱、姜、味精、水淀粉等。制作时先将鸡脯肉、猪肉、笋子煮熟，分别切成小方丁（鸡丁大于肉丁、肉丁大于笋丁）；然后锅内放油，上火烧热，倒入葱、姜、鸡丁、肉丁、笋丁煸炒，同时放入鸡汤、精盐、酱油、白糖、味精、料酒加热烧开，最后用水淀粉勾芡，淋入芝麻油出锅，倒入盆内即可。

再如，炒制豆沙馅。煮豆时，必须凉水下锅，旺火烧开，小火焖煮。炒沙时，锅面沸腾后降低火力，用小火翻炒。炒制时要注意掌握好火候，火力要适当，先用旺火炒制，使大量水分较快蒸发，再转中小火炒制，使馅变色，糖、油等渗入馅料。还要不停地翻动，炒匀、炒透，防止粘锅、煳锅，否则馅不细滑，且可能出现“翻沙”、渗油现象。

（5）调味工艺　调味是保证馅心质量的重要手段。各地由于口味和习惯的不同，在调味品的选配和用量上存有差异，北方偏咸，南方喜甜。因此，要根据顾客要求、季节、地域的具体情况而定。在馅心制作的过程中，巧妙施加咸味、甜味、酸味、苦味、辣味、鲜味等调味料，使馅心口味花样繁多。

烹调过程中的调味常分为加热前调味、加热中调味和加热后调味。加热前调味又叫基础调味，目的是使原料在烹制前就具有一个基本的味，同时减少某些原料的腥膻气味；加热中调味也叫正式调味或定型调味，调味在加热的锅中进行，目的是使各种主料、配料及调料的味道融合在一起，并且相互配合，协调统一，从而确定馅心的味道；加热后调味又叫辅助调味，是在菜肴起锅后上桌前或上桌后进行调味，目的是调整补足之前调味的不足。

拌馅多为加热前调味，熟馅多采用加热中调味的方式。

（6）用芡工艺　用芡是使馅料入味，增加黏性，提高包捏性能的重要手段。

用芡的方法有勾芡和拌芡两种。勾芡指烹制馅心时在炒锅内淋入芡汁；拌芡指将先行调制入味的熟芡拌入熟制后的馅料中，拌芡的芡汁粉料可用生粉或面粉调制。

用芡可以使馅心卤汁浓稠，从而增加卤汁对原料的附着力。用芡既可以控制馅心的含水量，使馅心的软硬度与成型要求相适应，又可以增进馅心口味，使馅心更为充分地反映出调味的效果。制芡汁时应注意，馅心芡汁一般较菜肴稍浓稠。用芡恰当与否，对面点的口味与成型均有较大的影响。

1.1.3　馅心的拌制工艺

拌制工艺是先将原料经初步加工或预热处理，再切成丝、丁、粒、末、沙、泥（蓉）等形状，最后加调味料拌和而成，多为生馅。

1. 拌制

拌制是制作馅心常见的方法，主要用于各种生馅和部分熟馅，把经过选料、加工处理的原料直接拌制而成。

在拌制馅心过程中应注意以下几个方面。

1）加入调味料的先后顺序要得当。加入调味料的先后顺序基本相同：首先加盐、酱油，经过搅拌确定基本咸味，使馅料充分入味，再逐次加水搅拌，然后可按品种要求掺入皮冻（应在加水后进行），最后再放味精、芝麻油、葱等。

2）有些调味品要根据地方特色和质量标准投放，不能乱用。对于鲜味足的原料，应突出本味，不宜使用多种调料，以免影响风味；对于有不良气味的原料，除在加工处理中应先清除不良气味外，还可选用适当的调味料来改善、增强其鲜香味。调制馅心时不宜过咸，应以鲜香为宜。

3）天气热时要现拌现用，及时冷藏，以免影响风味和质量。

2. 擦制

擦制主要用于生甜馅的制作，常用的是擦糖。擦糖也称擦糖馅，是指将蔗糖“打潮”后经擦制将粉料黏附在糖颗粒表面，从而使馅心能黏成团。避免馅心过于松散、加热熟制后熔化软塌，以及食用时烫嘴的缺点。

“打潮”是在蔗糖中加入适量的水或油拌匀，使糖颗粒表面湿润，产生一定的黏性，以便吸附粉料。用水“打潮”叫水潮，用油“打潮”叫油潮。

3. 掺水

掺水，又称吃水、打水，是使生肉馅鲜嫩的一种方法。因为动物性原料黏性大，油脂重，加水可以降低黏性，使生肉馅软嫩多汁。加水时应注意以下几点。

1）加水量的多少应根据制作的品种而定，水少则黏，水多则澥。调制肉馅时，500克肉泥加150~200克水。

2）加水必须在调味之后进行，否则肉馅吸水量会降低，或者会出现肉馅水分析出的情况。

3）水要分多次加入，防止肉馅一次吃水不透而出现肉、水分离的现象。

4）搅拌时要顺着一个方向用力搅打，边搅边加水，搅到水加足，肉质颗粒呈胶状有黏性为止。京式面点馅心注重咸鲜，肉馅制作多用“水打馅”，佐以大葱、黄酱、味精、麻油等，口味鲜咸而香，天津的“狗不理”包子是其中典型的代表品种。

4. 掺冻

掺冻是南方制馅常用的方法，适用于小笼包、汤包等。制作方法如下：将熬好的皮冻冷却凝结，剁碎后放入肉馅中，再加各种调味料拌和而成。掺冻馅的特点是鲜嫩、卤汁多、口感好。

馅料中掺冻可以使馅料便于包捏；在熟制过程中皮冻熔解，可使馅心卤汁增多，味道鲜美。

掺冻量的多少，应根据冻的种类及具体品种的坯皮性质而定。一般情况下，每1000克馅料加400克左右的皮冻。如用水调面及嫩酵面等做坯皮，掺冻量可以多一些。而用大酵面做坯皮时，掺冻量则应少一些，否则，卤汁被坯皮吸收后，容易穿底漏馅。

苏式面点馅心注重咸甜适口，卤多味美，肉馅多用“猪皮冻”，制品汁多肥嫩，味道鲜美。江苏淮安著名的“文楼汤包”，熟制后“看起来像菊花，提起来像灯笼”，正是运用了皮冻馅的原因，使汤包食用时，必须“轻轻提，慢慢移，先开窗，后喝汤”，增添了饮食的情趣。

5. 掺粉

在制作甜馅时，为了调节馅心的黏性、软硬度和香味，适量添加熟化的面粉或糯米粉的过程叫掺粉。如制作生甜馅时，要加入粉料和油（水）以增加黏性，便于包捏，馅心熟制后不液化、不松散，但掺入过多会使馅心凝结成僵硬的团状，影响馅心的口味和口感，所以加入的粉料和油（水）要适宜。

目前行业中常用的检验方法是：用手抓馅，能捏成团不散，用手指轻碰能散开为好。如果捏不成团，并且松散，则是馅心黏性不足，应加油脂或水擦匀以增加黏性；如捏成团，却碰不散，则黏性过大，应加粉料擦匀，以减少馅心黏性。

1.2 馅心熟制

1.2.1 熟甜馅

熟甜馅是指以植物的种子、果实、根茎等为主要原料，用糖、油炒制而成的一类甜馅。因加工中将其制成泥蓉状，所以也称为泥蓉馅。其特点是质地细腻、油润，甜而不腻，果香浓郁，是制作花色面点的理想馅心。常见的品种有泥蓉馅、花卉馅、糖馅等。泥蓉馅有豆沙馅、莲蓉馅等；花卉馅有玫瑰馅、桂花馅等；糖馅有芝麻糖馅、松子糖馅等。

技能训练1　泥蓉馅——豆沙馅

1. 原料配方

赤豆750克，白糖750克，色拉油200克，糖桂花酱75克。

2. 制作过程

1）赤豆去杂质，洗净，加清水用大火烧开，然后改小火焖煮至赤豆熟烂。

2）将煮熟的赤豆放入罗筛中，加水搓擦去皮，挤干水分，即成豆沙。

3）锅内加少量的色拉油、白糖炒出糖色后，加入豆沙、剩余的白糖、色拉油同炒至豆沙中水分基本蒸发尽。

4）最后加入糖桂花酱搅拌均匀，即成豆沙馅。

3. 操作关键

1）煮豆时水要一次性加足，如中途实在需要加水，只能加热水不能加凉水，以防止把豆煮僵。

2）煮豆时，少搅动，以防止影响传热和造成煳锅，影响豆沙馅的品质和口味。

3）洗沙时要选用细罗筛，边加水边擦，以提高出沙率。

4）炒制时，用小火不停地翻炒，炒至黏稠、深褐色油亮即成。

4. 质量标准

色泽深褐、油亮，软硬适中，口感细腻。

技能训练 2　泥蓉馅——山药馅

1. 原料配方

淮山药500克，白糖200克，熟猪油100克，糖桂花酱25克。

2. 制作过程

1）将淮山药洗净，削去外皮，上笼蒸烂后用刀压成细泥待用。

2）炒锅上火，放入熟猪油、白糖和少许清水，熬化后加入糖桂花酱。

3）再倒入山药泥，用中火炒拌，炒成干粥状即可。

4）盛起冷却后待用。

3. 操作关键

1）选用地方特产淮山药，充分利用其味甜质面的特点。

2）加入白糖、糖桂花酱制成熟甜馅，具有香甜可口的特点。

4. 质量标准

山药洁白，黏稠适度，甜润可口。

技能训练 3　泥蓉馅——奶黄馅

1. 原料配方

鸡蛋500克，白糖500克，奶油250克，鹰粟粉200克，鲜牛奶500克，吉士粉50克。

2. 制作过程

1）将鸡蛋打入蛋桶中搅匀，加入鲜牛奶、白糖、奶油、鹰粟粉、吉士粉，继续搅匀。

2）将搅匀的原料倒入盆里，上蒸笼，用小火慢蒸。

3）边蒸边搅拌（每5分钟搅一次），大约蒸1小时。

4）蒸搅成熟，成糊状即成。

3. 操作关键

1）馅料采用蒸制的方法成熟，不能直接放入锅中煮，容易煳底。

2）蒸制时要边蒸边搅，搅拌的目的是不让粉料沉底，使馅料质地均匀、细腻，防止成品夹生或结块。

4. 质量标准

色泽浅黄，口味绵甜，口感软滑，奶香浓郁。

技能训练 4　泥蓉馅——荔蓉馅

1. 原料配方

荔浦芋头1000克，白糖1000克，熟猪油150克。

2. 制作过程

1）先将荔浦芋头去皮蒸熟，趁热压成蓉。

2）将芋蓉、白糖放入不锈钢或铜锅中用中小火炒制。

3）待水分将尽时，加入1/2的熟猪油，边加边炒。

4）至蜂巢状时，再加入剩下的熟猪油，炒至油料混合均匀。

5）用铲子铲出一点芋蓉，放冷，摸一下，若不粘手，盛起即成。

3. 操作关键

1）选用广西特产荔浦芋头为原料。

2）将荔浦芋头先蒸熟再压成蓉。

3）要用中小火炒制。

4. 质量标准

色泽浅褐，光亮油润，黏稠适中，香甜可口。

技能训练 5　泥蓉馅——芝麻馅

1. 原料配方

黑芝麻350克，白糖500克，熟面粉150克，猪板油120克。

2. 制作过程

1）黑芝麻淘洗干净，下锅炒熟，起锅晾凉后用粉碎机打成粉。

2）猪板油加白糖剁成蓉。

3）将黑芝麻粉、熟面粉、白糖板油蓉拌匀，逐个搓匀成馅心。

3. 操作关键

1）黑芝麻也可烤熟。

2）炒黑芝麻时火要小，否则易煳。

3）掺粉、擦制馅心要掺匀擦透。

4. 质量标准

色泽灰黑，香浓甜润，软硬适中。

技能训练6 泥蓉馅——莲蓉馅

1. 原料配方

莲子750克，白糖750克，色拉油300克，碱5克。

2. 制作过程

1）莲子放入沸水内加碱浸泡。

2）用刷子刷去莲子外皮，去除莲芯，清洗干净。

3）将莲子放入蒸笼干蒸至酥烂，取出，捣成泥状，制成莲蓉。

4）炒锅烧热，先加少许色拉油、白糖炒制，待糖熔化，倒入莲蓉，不停翻炒。

5）继续加白糖炒至浓稠，水分蒸发，不粘锅与铲子，即可出锅。

3. 操作关键

1）莲子去皮洗净后，应立即蒸制，避免泡水太久，导致回生上色。

2）莲子捣烂后，要用罗筛过筛，擦成细泥。

3）适度掌握火候，先用中火，后改用小火。

4. 质量标准

色泽淡黄，莲香细腻，软硬适中。

技能训练7 花卉馅——玫瑰馅

1. 原料配方

玫瑰酱200克，炒熟的糯米粉80克。

2. 制作过程

1）取出玫瑰酱，调和均匀。

2）加入炒熟的糯米粉拌制均匀。

3. 操作关键

1）玫瑰酱要调匀。

2）糯米粉要炒熟。

4. 质量标准

色泽浅紫，玫瑰香浓。

技能训练 8　花卉馅——桂花馅

1. 原料配方

鲜桂花150克，白糖300克，熟面粉120克，猪板油100克，熟芝麻粉30克，花生油20克。

2. 制作过程

1）将桂花洗净，沥干水分，加一部分白糖腌制成桂花酱。

2）猪板油洗净，用刀剁成蓉。

3）将剩余的白糖、熟面粉、桂花酱、熟芝麻粉混合拌匀。

4）再加猪板油蓉、花生油搓匀，逐个搓成球形馅心。

3. 操作关键

1）桂花要选用新鲜的。

2）桂花酱蜜制四五天后，使用效果最佳。

3）掺粉要拌和均匀。

4）加入猪板油蓉后要揉搓细腻。

4. 质量标准

色泽芽黄，清香甜润，软硬适中。

技能训练 9　花卉馅——樱花水晶馅

1. 原料配方

糖樱花200克，猪板油500克，白糖100克。

2. 制作过程

1）将猪板油表面筋膜撕去，切去带血的部分，用刀切成1厘米见方的小丁。

2）然后将猪板油丁与白糖擦制均匀，最后加上糖樱花搓匀。

3）腌渍48小时后即可做馅。

3. 操作关键

1）选用猪板油，色泽要白。

2）猪板油要去掉筋膜，切细丁，与白糖一起擦成泥状。

3）选择用糖腌渍过的樱花。

4. 质量标准

色泽淡粉，甜润甘香，软硬适中。

技能训练 10　花卉馅——茉莉白糖馅

1. 原料配方

糖渍茉莉花15克，绵白糖500克，熟面粉150克，熟猪油50克。

2. 制作过程

1）将绵白糖和熟面粉拌匀。

2）加入糖渍茉莉花、熟猪油搓匀即可。

3. 操作关键

1）一定要先将绵白糖和熟面粉拌匀。

2）加入熟猪油后要搓匀。

3）选用糖渍茉莉花。

4. 质量标准

色泽浅黄，甜香宜人，软硬适中。

技能训练 11　糖馅——芝麻糖馅

1. 原料配方

芝麻仁250克，熟面粉或熟米粉50克，熟猪油100克，白糖100克。

2. 制作过程

1）将芝麻仁洗净、滤干，用小火炒至淡黄色，有香味。

2）将炒好的芝麻仁倒在案板上，碾成碎末状。

3）将白糖、熟面粉或熟米粉、熟猪油、芝麻仁碎末一起擦拌均匀即成。

3. 操作关键

1）炒芝麻仁时要用小火，炒匀炒黄。

2）制馅时要反复擦制，擦匀擦透。

3）如将芝麻仁改用芝麻酱，即成麻蓉馅。

4. 质量标准

甘甜适口，麻味香浓。

技能训练12 糖馅——松子糖馅

1. 原料配方

去皮熟松子35克，炒熟的面粉30克，白砂糖30克，熟猪油150克。

2. 制作过程

1）将去皮熟松子放入保鲜袋中，用擀面杖压碎。

2）将炒熟的面粉、熟松子碎、白砂糖、熟猪油放入馅盆中，混合搓匀后即为馅料。

3. 操作关键

1）熟松子去皮后压碎。

2）馅料一定要混合搓匀。

4. 质量标准

色泽浅黄，松子香甜，软硬适中。

技能训练13 糖馅——瓜子糖馅

1. 原料配方

瓜子仁250克，白糖250克，猪肥膘肉100克，熟面粉100克。

2. 制作过程

1）将瓜子仁用刀铡成米粒状。

2）猪肥膘肉用刀剁成蓉。

3）将白糖、熟面粉、瓜子仁粒拌和均匀后，再加肥膘肉蓉反复揉搓均匀即可。

3. 操作关键

1）瓜子仁要用刀铡碎。

2）猪肥膘肉要剁成细蓉。

3）掺粉要均匀，要擦匀擦透。

4）熟面粉要过筛，以免出现结块。

4. 质量标准

色泽浅黄，清香甜润，软硬适中。

技能训练14 糖馅——五仁糖馅

1. 原料配方

五仁（核桃仁50克，松子仁50克，瓜子仁50克，橄榄仁50克，杏仁50克），白糖150克，饴糖100克，生猪板油120克，熟面粉150克。

2. 制作过程

1）将核桃仁、松子仁、瓜子仁、橄榄仁、杏仁分别用刀铡成米粒状。

2）生猪板油洗净，用刀剁成蓉。

3）将白糖、熟面粉、五仁粒拌和均匀。

4）再加入饴糖、生猪板油蓉揉搓均匀后即可。

3. 操作关键

1）五仁要用刀铡碎。

2）生猪板油要剁成细蓉。

3）掺粉要均匀，要搓匀搓透。

4）熟面粉要过筛，以免出现结块。

4. 质量标准

色泽浅黄，五仁香浓，甜润适口，软硬适中。

1.2.2 熟咸馅

熟咸馅是将制馅原料经刀工处理后，熟制而成。其选料广泛，口味多变，能缩短面点制品的成熟时间，保持坯皮的风味，按用料的不同，可分为熟素馅、熟荤馅、熟荤素馅。

技能训练 15 熟素馅——雪菜冬笋馅

1. 原料配方

雪里蕻500克，熟冬笋150克，熟猪油50克，鸡汤100克，虾子5克，水淀粉25克，盐15克，酱油5克，味精2.5克。

2. 制作过程

1）将雪里蕻反复用冷水泡去咸味，剁成碎末；熟冬笋切细丁。

2）锅内加入熟猪油，烧热后煸炒冬笋丁，放入鸡汤、虾子、酱油、盐，焖约10分钟盛出。

3）再在锅里放入熟猪油，烧热后煸炒雪里蕻，炒透后，放入煸炒后的冬笋丁，加入味精，用水淀粉勾芡，拌和均匀即可。

3. 操作关键

雪里蕻一定要反复用冷水浸泡，泡去咸味。

4. 质量标准

咸香甘鲜，爽脆适口。

技能训练16 熟素馅——素什锦馅

1. 原料配方

干香菇20克，冬笋100克，鲜蘑100克，豆腐干50克，油面筋50克，油菜750克，葱10克，姜10克，植物油25克，芝麻油10克，盐10克，味精3克，酱油15克。

2. 制作过程

1）葱、姜切末；干香菇用温水泡发后洗净，切成细粒；油面筋放在温水中泡软，切碎；鲜蘑、豆腐干一起放入沸水中，焯水后捞出；冬笋放入沸水锅中煮熟。

2）油菜放入沸水锅中焯水，捞出用冷水冲凉，切成碎末后挤干水分。

3）将冬笋、鲜蘑、豆腐干分别切成细粒。

4）把油菜末放入盛器中，加盐、味精、芝麻油拌匀。

5）锅内放植物油烧热，放葱末、姜末煸香，加入干香菇粒、切碎的油面筋、冬笋粒、鲜蘑粒、豆腐干粒，加盐、味精、酱油煸炒，盛出冷却后倒入油菜末中，拌匀即可。

3. 操作关键

1）油菜焯水后一定要用冷水冲凉，以免变色。

2）拌馅心时一定要等到食材凉透后再拌在一起。

4. 质量标准

色泽鲜明，咸鲜适口。

技能训练17 熟素馅——豆腐皮馅

1. 原料配方

油豆腐皮500克，干香菇3朵，熟猪油150克，姜10克，香葱10克，盐10克，白糖10克，味精5克，蚝油15克，生抽10克。

2. 制作过程

1）将干香菇用温水泡发后去柄，洗净，切成碎粒。

2）油豆腐皮用温水泡软后洗净，切碎。

3）姜切末，香葱切末。

4）炒锅上火，放入熟猪油，下入葱姜末煸香后加入香菇粒炒至出香味，然后加入油豆腐皮碎炒匀，加生抽、盐、白糖、蚝油、味精调味即成。

3. 操作关键

1）油豆腐皮必须泡软后再用。

2）油豆腐皮入锅后用小火炒，以防煳底。

4. 质量标准

色泽淡黄，口感绵软，咸淡适宜。

技能训练 18　熟素馅——素蟹粉馅

1. 原料配方

胡萝卜200克，土豆100克，水发香菇50克，黑木耳50克，白胡椒粉5克，姜15克，葱10克，熟猪油50克，绍酒15克，鸡精5克，酱油10克，盐2克，芝麻油15克，水淀粉15克。

2. 制作过程

1）将胡萝卜、土豆、水发香菇、黑木耳分别洗净，切成小粒，用沸水焯至断生，挤去水分。

2）葱、姜切成末。

3）锅内放熟猪油烧热，放入葱姜末煸香后加入焯水后的胡萝卜、土豆、水发香菇、黑木耳和调味料炒匀。

4）用水淀粉勾芡，起锅即成。

3. 操作关键

1）所有蔬菜洗净后切成小粒，焯至断生，挤去水分。

2）不宜在锅内久炒，以免影响风味。

3）适当勾芡，保持一定的稠度。

4. 质量标准

色泽鲜艳，鲜香脆嫩，菜多汁美，软硬适中。

技能训练 19　熟素馅——豆腐馅

1. 原料配方

豆腐500克，水发香菇100克，冬笋100克，虾子10克，熟猪油75克，盐25克，味精10克，白胡椒粉10克，葱30克，姜15克，绍酒15克。

2. 制作过程

1）将豆腐切成0.7厘米见方的小丁，放入开水锅中烫透，捞出用冷水浸一下，沥干水分待用。

2）冬笋焯水后切成0.5厘米见方的丁；水发香菇切成0.7厘米见方的丁；葱、姜切末待用。

3）炒锅上火，放入熟猪油烧热，放葱末、姜末煸香；加入水发香菇丁、冬笋丁炒匀，放入绍酒、虾子、盐、味精、白胡椒粉调味后炒匀。

4）起锅后倒入豆腐丁拌匀即可。

3. 操作关键

1）豆腐一般选择老豆腐，切丁后要焯水、过冷水，去除豆腥味。

2）冬笋要焯水，去除涩味。

4. 质量标准

色泽鲜艳，咸鲜可口，清香宜人，口感脆嫩。

技能训练 20 熟素馅——梅干菜馅

1. 原料配方

梅干菜350克，葱15克，姜10克，绍酒15克，酱油15克，白糖10克，盐3克，熟猪油25克，肉汤500克，水淀粉15克。

2. 制作过程

1）梅干菜泡开后洗净，切碎；葱、姜洗净，切末。

2）锅中倒入熟猪油烧热，放入葱姜末煸香。

3）再放入梅干菜，干煸后加入绍酒、酱油、白糖、盐、肉汤，盖上锅盖，改用小火把梅干菜煮熟。

4）熟透后加水淀粉勾芡成馅。

3. 操作关键

1）梅干菜要用热水泡开，洗净后挤干切碎。

2）煮制时将梅干菜煮熟焖透。

4. 质量标准

色泽浅黑，油润爽口，软硬适中。

技能训练 21 熟素馅——双冬馅

1. 原料配方

冬菇250克，冬笋250克，葱15克，姜汁10克，酱油8克，芝麻油10克，白糖2克，盐3克，味精2克。

2. 制作过程

1）冬菇、冬笋分别洗净，切成细粒，用沸水焯一下捞起沥干。

2）芝麻油入锅烧热，放入切好的冬笋、冬菇，加调味料炒熟入味即成。

3. 操作关键

1）冬菇、冬笋要新鲜。

2）冬菇、冬笋粒的大小规格要基本一样。

3）原料不宜在锅内久炒，以断生为好。

4. 质量标准

色泽浅黄，脆鲜嫩滑，香咸味美，软硬适中。

技能训练 22 熟荤馅——三丁馅

1. 原料配方

猪五花肉500克，熟鸡脯肉250克，熟冬笋250克，虾子5克，酱油75克，白糖50克，水淀粉25克，葱10克，姜10克，绍酒15克，鸡汤350克，盐10克。

2. 制作过程

1）将葱、姜洗净，切成碎末备用。

2）将猪五花肉焯水后，放入清水锅中煮至七成熟后捞出。

3）将熟猪五花肉、熟鸡脯肉、熟冬笋切成丁，入锅稍加炒制后，加入绍酒、葱末、姜末、酱油、虾子、白糖、鸡汤、盐等，用旺火煮沸入味，最后用水淀粉勾芡，等卤汁浓稠后出锅。

3. 操作关键

1）三丁（鸡丁、肉丁、笋丁）的大小要恰当，鸡丁略大于肉丁，肉丁略大于笋丁。

2）卤汁分量要适中，过多难以包捏，过少吃口不鲜美。

4. 质量标准

三丁嫩脆，味鲜纯正。

技能训练23 熟荤馅——叉烧馅

1. 原料配方

熟叉烧肉500克，面粉150克，鹰粟粉150克，熟猪油250克，白糖150克，酱油10克，盐15克，味精10克，芝麻油100克，蚝油100克，葱末25克，清水1000克。

2. 制作过程

1）将熟叉烧肉切成指甲片大小备用。

2）将炒锅烧热，放入熟猪油烧热，入葱末炝锅，倒入面粉、鹰粟粉炒香，加入清水制成糊，再加入盐、酱油、白糖、味精、蚝油、芝麻油调味，搅匀至呈浅棕色熟糊，即为面捞芡，出锅晾凉备用。

3）将熟叉烧肉片加面捞芡搅拌均匀，即成叉烧馅。

3. 操作关键

1）熟叉烧肉不能切得太细，一般为指甲片大小。

2）注意掌握面捞芡的浓稠度，过稀或过稠均会影响面点的成型和口感。

4. 质量标准

色泽红亮，甜咸润口。

技能训练24 熟荤馅——蟹粉馅

1. 原料配方

活老母鸡2500克，猪五花肉1500克，活螃蟹1500克，猪肉皮1500克，猪骨头1500克，葱末50克，姜末50克，白胡椒粉10克，盐90克，绍酒100克，绵白糖15克，生抽100克，熟猪油300克，水25000克（不包括焯水和蒸螃蟹的用水量）。

2. 制作过程

1）将活老母鸡宰杀、去内脏、洗净；猪肉皮、猪骨头洗净；猪五花肉洗净，切成0.3厘米厚的大片。

2）将上述原料一起放入沸水锅中焯水后捞起，另换水25000克，再将所有原料一同放入锅中煮制。

3）当猪五花肉六成熟、老母鸡肉全熟时取出，剔出鸡肉，与猪五花肉一起切成0.3厘米见方的小丁。

4）待猪肉皮酥烂时捞出搅成蓉，猪骨头取出另作他用。

5）将活螃蟹刷洗干净，捆绑后蒸熟，去壳，剔出蟹肉、蟹黄，称为蟹粉。

6）锅内加熟猪油烧热，放入葱末、姜末各15克略炒，再加入蟹粉、绍酒25克、盐10克、白胡椒粉炒匀入味待用。

7）将肉汤过滤、烧沸，加入肉皮蓉略煮半小时。

8）再将肉汤过滤，再次烧沸后，撇去浮沫，下入鸡肉丁、猪肉丁及余下的调味料。

9）最后加入炒熟的蟹粉煮沸即可。

10）将煮好的汤馅装于盆中，不断搅拌，待汤馅冷凝后搅碎即成。

3. 操作关键

1）此馅制作时注意原料的选择，肉要选择五花肉；鸡选用老母鸡，可以使馅心味道更加鲜美；猪肉皮要选择猪脊背的；螃蟹要选择阳澄湖的大闸蟹；猪骨头选择筒子骨。

2）煮汤时间要足够，使猪肉皮酥烂，用粉碎机打成蓉状。

3）活螃蟹要刷洗干净，旺火足汽蒸10分钟。

4）煮好的汤馅应不断搅拌，使肉料等分布均匀，汤馅中的肉粒半沉半浮。

5）馅心制作时加水量要适中，要使馅心的汤汁浓而不黏糊。

4. 质量标准

色泽芽黄，肉粒滑嫩，汁美不腥，浓稠适中。

技能训练25　熟荤馅——熟猪肉馅

1. 原料配方

生猪肉250克，葱15克，姜10克，绍酒15克，酱油15克，白糖15克，白胡椒粉2克，熟猪油25克，水淀粉15克，骨头汤100克，盐3克，味精1克。

2. 制作过程

1）将生猪肉洗净，切成粒状。

2）葱、姜切成末。

3）锅烧热，放入熟猪油，把葱末、姜末放入煸香，加入猪肉粒炒匀，再下入骨头汤及其他调味料，烧制入味后，勾入适量水淀粉，炒匀即成。

3. 操作关键

1）葱姜一定要放在锅中煸香。

2）放入骨头汤之后要烧制入味。

4. 质量标准

色泽红亮，猪肉软嫩，咸甜适口。

技能训练 26　熟荤馅——三鲜馅

1. 原料配方

猪瘦肉500克，鸡肉100克，鲜虾肉100克，酱油15克，味精3克，白胡椒粉5克，白糖10克，料酒15克，干淀粉30克，盐5克，芝麻油25克，葱15克，姜10克，鲜汤150克，水淀粉10克，植物油1000克。

2. 制作过程

1）将猪瘦肉、鸡肉、鲜虾肉分别洗净，切成粒。

2）将猪肉粒、鸡肉粒、虾肉粒用盐、料酒、干淀粉上浆，入油锅划熟，倒出沥油。

3）锅中留底油，放入葱姜末煸香，加入划好的猪肉粒、鸡肉粒、虾肉粒入锅，加入鲜汤及其余调味料烧开后勾芡，淋入芝麻油，拌匀起锅即可。

3. 操作关键

1）三鲜原料（猪瘦肉、鸡肉、鲜虾肉）可以切成丁、丝、粒等形状。

2）三鲜原料在锅内不宜炒得过久，以免失水过多，影响鲜嫩口感。

3）卤汁的量控制适中。

4. 质量标准

色泽芽黄，肉质滑嫩，卤多汁美，软硬适中。

技能训练 27　熟荤馅——咖喱牛肉馅

1. 原料配方

生牛肉250克，葱15克，姜10克，绍酒15克，洋葱50克，咖喱粉15克，白糖5克，白胡椒粉2克，熟猪油25克，水淀粉15克，骨头汤100克，盐3克，味精1克。

2. 制作过程

1）将生牛肉洗净，加葱、姜、绍酒及冷水煮熟，捞出切成粒状。

2）洋葱切成小丁。

3）锅烧热，放入熟猪油，放入洋葱煸香，加入咖喱粉炒香，加入牛肉粒炒匀，再下入骨头汤和其他调味料，勾入适量水淀粉炒匀即成。

3. 操作关键

1）洋葱一定要放在锅中煸香。

2）加入咖喱粉后火力不宜太大，以防咖喱粉变焦。

4. 质量标准

色泽褐黄，鲜香辛辣，牛肉软嫩，香咸适口。

技能训练 28　熟荤素馅——鸡粒馅

1. 原料配方

鸡脯肉250克，笋50克，冬菇50克，猪肥膘肉50克，叉烧肉100克，葱15克，姜10克，生抽15克，盐5克，味精5克，白胡椒粉5克，芝麻油10克，熟猪油100克，料酒15克，白糖10克，水淀粉15克，鸡汤200克，蛋清15克。

2. 制作过程

1）将鸡脯肉、笋、冬菇、猪肥膘肉洗净，与叉烧肉一起均切成丁；葱、姜切末。

2）鸡肉丁加少许盐、料酒拌匀，用蛋清、水淀粉上浆。

3）炒锅置于火上，加入一半熟猪油，待油温升至三四成热后，放入鸡肉丁划熟。

4）炒锅加另一半熟猪油，倒入猪肥膘肉丁、叉烧肉丁、冬菇丁、笋丁煸炒，再放入鸡肉丁、葱末、姜末、料酒、盐、生抽、白胡椒粉、白糖、味精和鸡汤，烧沸后用水淀粉勾芡，淋入芝麻油，出锅成馅。

3. 操作关键

1）鸡脯肉较嫩，要采用划油的初步熟处理方法。

2）芡汁的厚度要适中。

4. 质量标准

细嫩滑爽，鲜香醇厚。

技能训练 29　熟荤素馅——猪肉萝卜馅

1. 原料配方

猪五花肉350克，胡萝卜150克，绍酒15克，酱油5克，葱末15克，姜末10克，白胡椒粉3克，味精2克，芝麻油15克，盐5克。

2. 制作过程

1）将猪五花肉洗净，切成粒。

2）胡萝卜洗净，切成细粒。

3）锅内放芝麻油烧热，放入姜末煸香，然后放入猪肉粒炒散，加绍酒、酱油、盐、白胡椒粉、味精炒入味。

4）起锅拌入胡萝卜粒、葱末即成。

3. 操作关键

1）选择猪五花肉制作，有肥有瘦。

2）馅心炒制入味后再拌入胡萝卜粒。

4. 质量标准

色泽鲜艳，咸鲜脆香，软硬适中。

技能训练30 熟荤素馅——猪肉榨菜馅

1. 原料配方

猪肥瘦肉500克，榨菜150克，绍酒15克，酱油15克，花生酱10克，葱末15克，味精3克，白糖3克，芝麻油10克，盐3克，姜末10克，植物油25克。

2. 制作过程

1）将猪肥瘦肉洗净，切成绿豆大的粒。

2）榨菜漂去咸味，洗净，切成碎末。

3）锅置火上，放入植物油烧热，下入姜末炝锅，下入猪肉粒炒熟，加入调味料炒至入味。

4）放入榨菜末、葱末炒拌均匀起锅即成。

3. 操作关键

1）如榨菜过咸，要用水多浸泡一些时间。

2）猪肉选择有肥有瘦的，这样口感比较好。

4. 质量标准

色泽芽黄，脆嫩鲜香，软硬适中。

技能训练31 熟荤素馅——猪肉芽菜馅

1. 原料配方

猪肥瘦肉500克，芽菜150克，绍酒15克，酱油10克，姜末10克，白胡椒粉3克，白糖2克，芝麻油15克，味精3克，葱末15克，植物油25克，盐3克。

2. 制作过程

1）将猪肥瘦肉洗净，切成绿豆大的粒。

2）芽菜洗净切粒。

3）锅内放油烧热，下入姜末煸香，投入猪肉粒炒散。

4）再加入调味料、芽菜炒匀起锅，拌入葱末即成。

3. 操作关键

1）猪肉选择有肥有瘦的，这样口感比较好。

2）肉不能在锅内久炒，以免炒硬影响口感。

4. 质量标准

色泽芽黄，滋润鲜香，软硬适中。

技能训练 32　熟荤素馅——猪肉咸菜馅

1. 原料配方

猪肥瘦肉500克，干咸菜150克，芝麻油15克，味精3克，酱油15克，葱末15克，盐3克，姜末15克，植物油75克，绍酒15克。

2. 制作过程

1）将猪肥瘦肉洗净，切成豌豆大的粒。

2）干咸菜用温水浸泡后煮熟，切成细末，挤干水分。

3）锅内放油烧热，下入姜末煸香，投入猪肉粒炒熟。

4）加入调味料、干咸菜末炒匀入味，起锅拌葱末即成。

3. 操作关键

1）猪肉选择有肥有瘦的，这样口感比较好。

2）干咸菜要用温水浸泡去除多余的咸味。

4. 质量标准

色泽褐黄，鲜香松软，软硬适中。

技能训练 33　熟荤素馅——猪肉酸菜馅

1. 原料配方

猪肉250克，酸菜丝500克，熟猪油50克，芝麻油50克，酱油15克，盐5克，葱末15克，姜末10克，味精1克。

2. 制作过程

1）猪肉剁成末，用熟猪油煸熟，加入酱油、盐、味精炒匀，出锅晾凉。

2）再加入葱末、姜末、芝麻油及酸菜丝，拌匀成馅。

3. 操作关键

1）猪肉选择肥瘦相间的，如五花肉。

2）酸菜在切丝前要用水泡去部分咸味。

4. 质量标准

色泽浅黄，肉质滑嫩，软硬适中。

技能训练 34　熟荤素馅——羊肉芹菜馅

1. 原料配方

羊肉500克，芹菜200克，姜末15克，盐3克，白糖5克，醪糟汁15克，豆瓣酱10克，花生油50克。

2. 制作过程

1）芹菜择洗后切末；羊肉切粒。

2）锅内加花生油烧热，放入豆瓣酱炒香，再放入羊肉粒炒匀，最后掺入醪糟汁、盐、白糖、姜末、芹菜末搅拌成馅。

3. 操作关键

1）羊肉买绵羊肉，膻味小。

2）豆瓣酱要剁细。

3）醪糟汁要过滤。

4. 质量标准

色泽浅褐，滑嫩带脆，软硬适中。

技能训练 35　熟荤素馅——洋葱牛肉馅

1. 原料配方

牛肉350克，洋葱250克，葱末35克，姜末15克，绍酒15克，盐3克，味精2克，白糖10克，酱油10克，芝麻油15克，水淀粉10克，植物油50克。

2. 制作过程

1）牛肉洗净切粒；洋葱切丁。

2）锅内加植物油烧热，加葱姜末、洋葱丁炒香，再放入牛肉粒炒熟，加入绍酒、盐、味精、白糖、酱油调味，用水淀粉勾芡，淋入芝麻油制成馅料。

3. 操作关键

1）牛肉买前夹肉或里脊肉，容易入味。

2）洋葱买紫皮的，香气充足。

4. 质量标准

色泽浅褐，肉质滑嫩，卤多汁美，软硬适中。

1.2.3 卤臊浇头

1. 盖浇

盖浇又叫浇头，是指浇在菜肴上用来调味或点缀的汁儿，也指加在盛好的主食上的菜肴。江南一带一般将浇头用作面的配菜的统称。它在各个地方的说法不一，或被称为卤儿，或被称为臊子，或被称为酱等。但指的都是放在主食上的配菜，有荤有素。

盖浇面属于面食的一种另类吃法，它区别于其他面食的特征是：盖浇面是将煮好的面单独盛放，把作为配菜的炒菜另外盛放，上桌后食客可将两者混拌在一起食用，或者干脆将炒菜一股脑盖在面上，故而叫作盖浇面。其他面食，如烩面、片儿川、拉面等，是将面和菜在内的主要食材盛放在一个碗里上桌。

由于我国地域辽阔，风俗不同，现在的盖浇面或盖浇饭，各地做法不一，用料不同，所以也各有特色。总的来说，副食以肉为主，有肉片、肉丝，也有肉块。佐料则因时因地而异，分别配以玉兰片、木耳、香菇和应时鲜蔬。也有不加佐料鲜蔬的，如西安传统的盖浇面、盖浇饭就是纯肉片，采取红烧的方法烹调，讲究原肉原汁浇饭。

盖浇面、盖浇饭的主要特点是饭菜结合，食用方便，既有主食面条、米饭，又有美味菜肴。但不像食用饭菜那样要用较多的餐具摆到桌上，而是将饭菜盛于一盘，既可放在桌上食用，也可以用手端着吃。

技能训练36 盖浇——焖肉

1. 原料配方

猪五花硬肋1000克，盐10克，绍酒150克，葱结30克，姜块15克，八角3克，桂皮5克。

2. 制作过程

1）将猪五花硬肋刮洗干净，修切成长方条块，入清水锅（与肉面齐平）用旺火烧沸，撇去浮沫，锅离火，捞出肉，再用刀刮净、洗净。

2）将肉放回锅中，加葱结、姜块（拍松），盖上锅盖，旺火烧沸，开盖，加入绍酒、八角、桂皮、盐，肉面上盖3只圆盘，再将锅盖密封，烧开后转微火焖约3小时（中间不能开盖）至酥烂，拣去葱姜，用笊篱捞出肉，抽去肋骨，即成焖肉。

3）冷却后切成1厘米厚的片，可放入冰箱冷藏保存。

3. 操作关键

1）选用黑毛猪的硬肋条部位。

2）肉大火烧开后，改用微火焖制。

3）焖肉冷却后切厚片。

4. 质量标准

汤汁清澄，焖肉细嫩，入口即化。

技能训练37 盖浇——爆鱼

1. 原料配方

青鱼中段500克，姜15克，葱10克，酱油25克，绍酒15克，白糖10克，生抽15克，色拉油1000克。

2. 制作过程

1）青鱼从脊部纵分，切成小块，用少许酱油、绍酒腌制2小时，沥干。

2）烧热油，逐块放入鱼，炸至两面金黄、酥脆，捞出。

3）倒出多余的油，爆香葱、姜，加少许水，下生抽、白糖、酱油适量，烧至汁浓。放入炸好的鱼块，翻炒片刻，便可装盘。

3. 操作关键

1）鱼块大小应差不多。

2）炸鱼块时不宜经常翻动，以免弄碎。

3）卤汁挂裹均匀。

4. 质量标准

色泽酱红，外酥里嫩，口味咸甜。

技能训练38 盖浇——大排

1. 原料配方

带骨猪大排4块，生抽15克，老抽10克，料酒15克，盐1克，淀粉15克，小葱20克，冰糖10克，蚝油10克，清水350克，色拉油200克。

2. 制作过程

1）带骨猪大排洗净，放进保鲜袋里，用肉锤或者刀背把肉拍松。

2）猪大排里加入适量老抽、生抽、料酒、盐抓匀，腌制1小时。

3）猪大排加淀粉抓匀。

4）开中火把锅烧热，加入适量油，把猪大排放进去煎至两面变色，盛出来备用。

5）煎猪大排的锅放入小葱翻炒，放入猪大排、料酒，再加水没过猪大排。

6）开大火，开锅后把浮沫捞出去，加入老抽、生抽、蚝油、冰糖、盐调味。

7）盖上盖子，用中小火烧15分钟左右，最后用大火收汁。

3. 操作关键

1）猪大排有筋的地方用刀划开，防止煎的时候卷起来。

2）先煎后烧，大火烧开后，改中小火烧至入味。

4. 质量标准

色泽红亮，口感酥嫩，口味甜咸。

技能训练39 盖浇——尖椒肉丝

1. 原料配方

尖椒250克，猪肉丝200克，葱、姜各10克，白糖5克，生抽10克，盐2克，白胡椒粉1克，淀粉10克，鸡精5克，色拉油20克。

2. 制作过程

1）将猪肉丝用白糖、盐、生抽、少许淀粉、白胡椒粉、鸡精、少量水拌匀；尖椒切成丝，葱、姜切末。

2）将淀粉、鸡精、白胡椒粉加少量水调成芡汁。

3）锅中加油烧热，下葱末、姜末爆香，下拌后的猪肉丝炒散，再下尖椒丝翻炒几下，待快熟时加入调好的芡汁翻炒几下出锅即可。

3. 操作关键

1）选用猪里脊或大排部位切肉丝。

2）肉丝先煸炒，再加入尖椒丝炒至断生，加芡汁翻炒成菜。

4. 质量标准

色泽微褐，肉丝鲜嫩，口味咸鲜。

技能训练40　盖浇——爆鳝

1. 原料配方

鳝鱼750克，小葱15克，大蒜（白皮）10克，酱油20克，香醋15克，白糖10克，水淀粉10克，白胡椒粉3克，味精1克，色拉油1000克（实耗75克）。

2. 制作过程

1）鳝鱼宰杀，用厨刀从鳝鱼背脊剖开成2片，剔除中骨，去内脏、头、尾，肉面上剞十字花刀后切成3厘米长的斜片。

2）大蒜切米、小葱切末。

3）酱油、香醋、白糖、味精、水淀粉调成芡汁。

4）锅置旺火上，下色拉油烧至七成热，将鳝鱼下锅爆30秒钟，倒入漏勺，迅速沥去油。

5）锅留余油回旺火上，放入蒜米、葱末、鳝鱼片略煸一下，倒入芡汁，翻颠几下，撒上白胡椒粉即成。

3. 操作关键

1）鳝鱼选用粗一点的，便于出骨、剞花刀。

2）鳝鱼下锅爆之前应将水分吸干，防止爆锅，以免烫伤。

4. 质量标准

色泽褐红，鳝片软嫩，口味咸甜。

技能训练41　盖浇——卤鸭

1. 原料配方

麻鸭1只，肥膘25克，红曲米粉15克，盐5克，酱油25克，冰糖15克，桂皮10克，葱结25克，姜15克，绍酒25克，八角10克，芝麻油15克。

2. 制作过程

1）将麻鸭洗净，焯水后捞起。红曲米粉加少许清水调开。

2）取一大锅放上衬垫，先放入姜、葱结、八角、桂皮，再放入麻鸭、肥膘，把红曲米水倒入锅内，放绍酒、酱油、盐、部分冰糖，加水至淹没。

3）先旺火烧沸，后改用小火焖约2小时，再加冰糖收浓汤汁，淋入芝麻油拌匀起锅。

4）稍冷后改刀装盘，浇上卤汁即可。

3. 操作关键

1）选用当地麻鸭制作。

2）炖制时大锅放上衬垫，以防粘锅底。

3）炖制时先用大火烧开，然后用小火焖透。

4. 质量标准

色泽红亮，酥烂入味，咸中带甜。

技能训练42　盖浇——臊子

1. 原料配方

猪肉350克，干辣椒15克，葱段15克，姜末10克，五香粉1克，辣椒粉2克，陈醋15克，盐5克，色拉油15克。

2. 制作过程

1）猪肉切粒，锅中倒少许油，将姜末和肉一起下锅，中小火开始炒肉。

2）炒到锅中的油变清时，加入五香粉、葱段和干辣椒。

3）稍炒一会，肉吸收了五香粉后，加入陈醋拌匀。

4）最后加入盐、辣椒粉，搅拌均匀即可出锅。

3. 操作关键

1）臊子种类很多，原料形状有大有小，也有的地方用牛肉做臊子。

2）臊子用油煸透，调味要协调。

4. 质量标准

臊子红亮，酸辣鲜醇，肉香不腻。

技能训练43　盖浇——炸酱

1. 原料配方

半肥半瘦肉末500克，黄酱1袋，清水150毫升，京葱1根，老抽15克，绿豆芽200克，黄瓜1根，大蒜15克，醋10克，色拉油20克。

2. 制作过程

1）把老抽和黄酱倒入一个大碗内，加入清水，用筷子慢慢调匀；京葱切成碎末备用；大蒜剁成蒜末备用。

2）炒锅内倒入比炒菜略多的油烧热，油热后放入京葱末翻炒半分钟，然后倒入肉末一起翻炒至变色脱生，最后倒入调匀的黄酱，用最小火慢慢翻炒七八分钟，加入蒜末拌匀即可。

3）把洗净的绿豆芽放入沸水中焯烫一下马上捞出；黄瓜洗净后切成丝。

4）把绿豆芽和黄瓜丝放到碗内，再盛入1勺炒好的炸酱，再倒少许醋拌匀即可。

3. 操作关键

1）炒炸酱的猪肉最好选用半肥半瘦的，油也要比炒菜的油稍微多一些，炒酱的时候要用小火慢慢炒，酱才会特别香。

2）绿豆芽在开水中焯烫5秒钟即可，不要烫得太软，有点脆脆的口感才好。

4. 质量标准

色泽酱红，色调和谐，酱香浓郁。

2. 凉拌蘸汁

凉拌蘸汁依据人们的喜好，可调制出盐味汁、虾油汁、蚝油汁、咖喱汁、糖油汁、芥末汁、香辣汁等数十种口味，主要用于面条、米粉、饺子、馄饨等的调味。

技能训练44　凉拌蘸汁——盐水汁

1. 原料配方

盐3克，芝麻油25克，葱白1根，料酒15克，水75毫升，味精2克。

2. 制作过程

1）将干净炒锅放在火上，加入水、料酒、芝麻油，烧开出香味后，立刻关火。

2）加入切碎的葱白，轻轻搅拌，自然冷却后，加盐、味精搅匀，装入密闭容器，即成。

3. 操作关键

1）水、料酒、芝麻油烧开出香味后，立刻关火，防止香味过分散逸。

2）盐后加，主要是因为盐常为加碘盐。

3）配方中的水可以用鲜汤代替，以增加鲜味。

4. 质量标准

色泽澄清或乳白、口味咸鲜。

技能训练 45　凉拌蘸汁——酱油汁

1. 原料配方

酱油25克，味精2克，芝麻油15克，鲜汤150毫升。

2. 制作过程

1）将干净炒锅放在火上，加入鲜汤、酱油、味精、芝麻油，烧开后立即关火。

2）自然晾凉即可使用。

3. 操作关键

鲜汤、酱油、味精、芝麻油烧开即可，防止香味过分散逸。

4. 质量标准

色泽红黑色、口味咸鲜。

技能训练 46　凉拌蘸汁——白油汁

1. 原料配方

盐4克，白酱油10克，芝麻油15克，味精1克。

2. 制作过程

将盐、白酱油、芝麻油、味精放碗中调匀即成。

3. 操作关键

各种原料要仔细搅拌均匀。

4. 质量标准

咸鲜清香，淡雅适口。

技能训练 47　凉拌蘸汁——凉面酱

1. 原料配方

芝麻酱25克，黑醋5克，辣椒油15克，芝麻油20克，蒜泥5克，米酒10克，凉开水20毫升，花生粉3克，白醋1克，白糖10克。

2. 制作过程

1）蒜泥加少许凉开水拌均匀。

2）芝麻酱加黑醋、凉开水澥开。

3）再将所有原料放在一起调匀，即可。

3. 操作关键

所有原料一定要搅拌均匀。

4. 质量标准

色泽浅褐，口味咸鲜微辣。

技能训练48 凉拌蘸汁——红油抄手酱

1. 原料配方

酱油15克，红油25克，味精3克，芝麻油10克，花椒粉2克，葱末15克，蒜末10克，香菜末10克，豆芽25克。

2. 制作过程

1）先在碗里放入酱油、花椒粉、蒜末和味精，轻轻调匀。

2）接着撒上葱末、香菜末和微烫过的豆芽。

3）最后淋上红油和芝麻油即可。

3. 操作关键

依次放入各种原料，然后搅拌均匀。

4. 质量标准

色泽红艳，口味鲜香微辣。

技能训练49 凉拌蘸汁——甜面酱汁

1. 原料配方

甜面酱50克，芝麻酱10克，苹果酱15克，白糖10克，蜂蜜10克，红油20克，盐3克，味精2克，鸡精5克，凉开水50毫升。

2. 制作过程

1）芝麻酱用红油和凉开水澥开。

2）甜面酱放入碗中，依次加入苹果酱、澥开的芝麻酱、白糖、蜂蜜、盐、味精、鸡精搅匀。

3）随后用保鲜膜封好口，入笼旺火蒸约1小时，取出晾凉即可。

3. 操作关键

1）所有原料必须搅拌均匀。

2）入笼蒸制必须蒸透。

4. 质量标准

色泽酱红，口味咸甜。

复习思考题

1. 简述馅心的作用。
2. 馅料初加工分为哪几个部分?
3. 涨发处理的方法有几种?
4. 馅料的形状处理有哪几种?
5. 馅料预熟处理有哪几种?
6. 在馅心拌制过程中应注意哪几个方面?
7. 馅心掺水的注意点有哪些?
8. 皮冻如何制作?
9. 简述馅心掺冻的方法。
10. 简述馅心掺粉的检验方法。
11. 简述熟甜馅的概念。
12. 简述芝麻糖馅的制作方法。
13. 简述熟咸馅的概念。
14. 简述雪菜冬笋馅的制作方法。
15. 简述三丁馅的制作方法。
16. 简述猪肉萝卜馅的制作方法。

项目 2

水调面品种制作

- 水调面品种制作
  - 面坯调制
    - 面粉的工艺性能
      - 面粉的物理特性
      - 面粉的化学特性
    - 面筋的特性
      - 延伸性
      - 弹性
      - 韧性
      - 比延性
    - 水调面坯的制作要求
      - 冷水面坯的调制
        - 技能训练1　冷水面坯——菜肉水饺
        - 技能训练2　冷水面坯——馄饨
      - 温水面坯的调制
        - 技能训练3　温水面坯——梅花饺
        - 技能训练4　温水面坯——燕子饺
        - 技能训练5　温水面坯——鸳鸯饺
        - 技能训练6　温水面坯——金鱼饺
      - 热水面坯的调制
        - 技能训练7　热水面坯——牛肉锅贴
        - 技能训练8　热水面坯——煎饺
        - 技能训练9　热水面坯——翡翠烧卖
        - 技能训练10 热水面坯——糯米烧卖
      - 浆糊类面坯的调制
        - 技能训练11 浆糊类面坯——烫面炸糕
        - 技能训练12 浆糊类面坯——波丝油糕
  - 生坯成型
    - 抻的成型方法
      - 技能训练13　抻的成型方法——龙须面
      - 技能训练14　抻的成型方法——盘丝饼
    - 削的成型方法
      - 技能训练15　削的成型方法——刀削面
    - 拨的成型方法
      - 技能训练16　拨的成型方法——拨鱼面
    - 搓的成型方法
      - 技能训练17　搓的成型方法——麻花
      - 技能训练18　搓的成型方法——猫耳朵
    - 摊的成型方法
      - 技能训练19　摊的成型方法——家常煎饼
      - 技能训练20　摊的成型方法——春卷皮
  - 产品成熟
    - 火候的概念
      - 火候与原料的关系
      - 火候与传导方式的关系
      - 火候与烹调技法的关系
    - 油温的掌握
    - 传热介质的导热原理
      - 产品熟制中的传热方式
      - 熟制工艺中的传热介质

水调面坯离不开水，不同的水温成就了不同的面坯。常见的水调面坯按性质可分为冷水面坯、温水面坯、热水面坯、浆糊类面坯等。

2.1 面坯调制

2.1.1 面粉的工艺性能

面粉是调制面坯的基础，面坯的优劣跟面粉的物理和化学特性有关，但其中主要是由面粉中所含淀粉和蛋白质的性能决定的。

1. 面粉的物理特性

面粉的物理性质决定面粉的品质优劣，包括下列3项。

1）色泽。色泽是对面制品颜色起决定性作用的因素。小麦经磨粉机研磨，胚乳部分磨细成面粉。由于小麦的皮色和粒质不同，面粉的色泽也有所差异，在其他条件不变的情况下，一般白皮小麦生产的面粉比红皮小麦色泽白，硬质小麦生产的面粉比软质小麦色泽次。我国对面粉色泽的检查，是以标准样品来对照，达到标准的为合格，反之则不合格。这种方法一般是用眼睛感官鉴定，有些工厂也采用白度仪测定面粉的色泽，我国目前对面粉的白度没有统一的标准，大部分厂家都是自定标准，以鉴定面粉的色泽。

2）粒度。粒度是指面粉的粗细程度，即由筛网规格决定的物理特性。由于面粉的质量和用途的不同，对粒度大小的要求也不一致。我国面粉的种类对其粒度的要求是:特制一等粉粒度不超过160微米，特制二等粉粒度不超过200微米，标准粉粒度不超过330微米。

3）吸水量。吸水量是指面粉制成面坯时面粉加水量的多少。由于面粉的质量不同，含水量不同，吸水量也不同。面粉的吸水量与面粉的蛋白质含量有密切的关系，蛋白质含量高，吸水量大；蛋白质含量低，吸水量小；吸水量还与面粉中的损伤淀粉有关，损伤淀粉吸水率约为健全淀粉的5倍（健全淀粉的吸水率为0.44%，损伤淀粉的吸水率为2.0%），故面粉中损伤淀粉多，将使面粉的吸水率增大。但损伤淀粉吸进的水分，在面坯发酵过程中，还会从内部分离出来，造成面坯易粘，使面制品的质量受影响。因此，有些国家把损伤淀粉的最大比例也列为面粉的质量指标之一。

2. 面粉的化学特性

面粉的化学特性与其化学成分相关，面粉的化学成分有蛋白质、碳水化合物、灰分、酶和水分等。

1）蛋白质。面粉中的蛋白质含量，依照小麦品种的不同而不同，含量为6%~20%不等，主要由麦胶蛋白、麦谷蛋白、酸溶蛋白、白蛋白和球蛋白5种组成，是形成面筋骨架的主要成分。

2）碳水化合物。即糖类，在面粉中最高含量75%左右，其中绝大部分是以淀粉形式存在的。另外，面粉中还有少量的可溶性糖（如葡萄糖、果糖和蔗糖等）、纤维素和半纤维素等。

3）灰分。灰分是指面粉经高温灼烧，有机物质挥发，无机物质则剩下来，故灰分是面粉中的无机物质含量。

4）酶。酶是一种特殊的蛋白质，是生物化学中的催化剂。在面粉中主要含有以下几种酶。

① 淀粉酶。α-淀粉酶和β-淀粉酶是焙烤食品重要的酶。α-淀粉酶对热较为稳定，在70~75℃仍能进行水解作用，温度越高作用越快；β-淀粉酶对热不稳定，在酵母发酵阶段糖化水解。

② 蛋白酶。面粉中的蛋白酶分为两种，一种是能直接作用于天然蛋白质的蛋白酶，另一种是能将蛋白质分解过程中生成的多肽类再分解的多肽酶。搅拌发酵过程中主要起作用的是蛋白酶，它的水解作用会降低面筋强度，缩短和面时间，使面筋易于完全扩展。

③ 脂肪酶。这种酶对面包、饼干等的制作影响不大，但对已调配好的蛋糕粉有影响，因为它可分解面粉里的脂肪成为脂肪酸，易引起酸败，缩短储藏时间。

5）水分。面粉中的水分在12.5%~14.5%，调制面团时，加水量的多少应根据面粉中的含水量和面筋含量等因素而定，面粉中的含水量直接影响面粉的吸水量，进而影响具体面点品种的质量。

2.1.2 面筋的特性

1. 延伸性

延伸性是指面筋被拉长到某种程度而不断裂的能力。原始测定面筋延伸性的方法是：把洗出来的湿面筋取出约15克，分成3份，每份约5克。用手将面筋搓成7~13厘米的长条，用双手的3个手指捏住长条的两端，放在米尺上匀速把面筋拉长直到断裂，记录断裂时的长度。用同样的方法测定另外两份的断裂长度，取平均值。延伸性强的面筋长度在50厘米以上，延伸性中等的面筋长度在28厘米左右，延伸性差的面筋长度在25厘米以下。

2. 弹性

弹性是指湿面筋被压缩或拉伸后恢复原来状态的能力。面筋的弹性可分为强、中、弱三等。弹性强的面筋，用手指按压后能迅速恢复原状，且不粘手，也不留下手指痕迹，用手拉伸时有很大的抵抗力；弹性弱的面筋，用手指按压后不能复原，粘手并留下较深的指纹，用手拉伸时抵抗力很小，下垂时，会因本身重力自行断裂；弹性中等的面筋，其性能介于两者之间。

3. 韧性

韧性是指面筋对拉伸时所表现的抵抗力。一般来说，弹性强的面筋，韧性也好。

4. 比延性

面筋在自然悬挂下，单位时间的延伸厘米数称为比延性，用厘米/分钟表示。比延性在0.4以内为过坚，0.4~1.0为正常，超过1.0或断裂为脆性面筋。

2.1.3 水调面坯的制作要求

1. 冷水面坯的调制

冷水面坯是用30℃以下的冷水调制成的。冬天调制时，要用少量温水（30℃以下），这样调制出的面坯才好用；夏季调制时，不但要用冷水，还要适当掺入少量的盐，因为盐能增强面坯的强度和筋力，并使面坯紧密，行业常说“碱是骨，盐是筋”。冷水面坯的成团主要是面粉中的蛋白质的亲水性起的作用。

冷水面坯具有组织严密、质地硬实、筋力足、韧性强、拉力大，熟制品色白、吃口爽滑等特点，适宜制作水饺、馄饨、面条、春卷皮等。

在冷水面坯调制过程中，常用500克标准粉加200~300毫升水，特殊的面粉可多加水，如搅面馅饼，面皮的吃水量在350毫升左右。冷水面坯经过下粉、掺水、抄拌、揉搓等过程调制，调制时必须用冷水。

调制时先将面粉倒在案板上（或和面缸里），在面粉中间用手扒个圆坑，加入冷水（水不要一次加足，可少量多次掺入，防止一次吃不进而外溢），用手从四周慢慢向里抄拌，至呈雪花片状（有的称葡萄面、麦穗面）后，再用力反复揉搓成面坯，揉至面坯表面光滑、有筋性且不粘手为止，然后盖上一块洁净湿布，静置一段时间（即醒面）备用。冷水面坯的制作要求如下。

1）水温控制要适当。冷水面坯必须使用冷水，即使是冬季也只能用30℃以下的微温水，夏季不但要用冷水，还要掺入少量的盐，防止面坯“掉劲”。一般加盐调制的面坯色泽较白。

2）把握揉搓程度。冷水面坯中致密的面筋网络主要靠揉搓形成。面粉和成团块后要用力捣、搋（chuāi）、摔、擦、叠，反复揉搓，直至面坯表面光滑、不粘手为止。

3）掺水比例要准确。掺水量主要根据具体面点制品的需要而定，从大多数品种看，一般情况下面粉和水的比例为2:1，并且要分多次掺入，防止一次吃不进而外溢。

4）静置醒面要到位。调制好的面坯要用洁净湿布盖好，防止风干发生结皮现象，静置一段时间（醒面），使面坯中未吸足水分的粉粒充分吸水，更好地形成面筋网络，提高面坯的弹性，制出的成品也更爽口。醒面的时间一般为10~15分钟，有的也可醒30分钟左右。

总而言之，冷水面坯要求筋性大，但也不能过大，超过了具体面点制品的需要就会影响成型。遇到面坯筋性过大的情况，除了和面时和软一点外，还可掺些热水揉搓，也可掺入一些淀粉破坏一部分筋性，行业中叫“打掉横劲”。

技能训练1　冷水面坯——菜肉水饺

1. 原料配方

面粉500克，水250克，猪肉200克，芹菜500克，葱25克，姜10克，盐5克，酱油15克，味精2克，芝麻油25克。

2. 制作过程

（1）馅心调制

1）将芹菜择洗干净，放入沸水中略焯、捞出，放入冷水浸透，再捞出，挤干水分，切碎末。

2）猪肉洗净，剁成肉泥；葱、姜洗净，均切成末，备用。

3）将猪肉泥放入盆内，加葱末、姜末、酱油、盐、味精、芝麻油顺一个方向搅拌上劲，再放入芹菜末，拌匀成馅料。

（2）面坯调制　将面粉放入盆内，倒入水和成面坯，稍醒。

（3）生坯成型　把面坯揉透后搓成长条，分成每个约10克的小剂子，逐个按扁，擀成圆形、边缘较薄、中间较厚的饺子坯皮，包入馅料，捏成饺子生坯。

（4）生坯熟制　将锅放在火上，倒入水烧沸，分次下入饺子生坯，边下边用勺轻轻顺一个方向推动，直到饺子浮出水面，盖上锅盖，等水烧开，加少量冷水点水，如此3次，待饺子膨胀浮起关火，捞出沥干水分装盘即可。

3. 操作关键

1）芹菜要焯水，过冷水，以保持绿色。

2）芹菜猪肉馅要搅拌上劲。

3）熟制时要点水，以利于皮和馅心一起成熟，形成面皮筋道的口感。

4. 质量标准

馅心鲜美，面皮筋道。

技能训练 2　冷水面坯——馄饨

1. 原料配方

面粉300克，水150克，猪五花肉150克，猪筒子骨300克，虾皮15克，香菜15克，榨菜10克，紫菜（干）5克，葱15克，姜5克，盐8克，白糖10克，酱油25克，白胡椒粉3克，芝麻油15克。

2. 制作过程

（1）馅心调制

1）将猪五花肉去皮洗净，剁成细泥；香菜择洗干净，切成小段；紫菜洗净，撕成小片；将葱、姜洗净均切成末，备用。

2）将猪肉泥放入盆内，加入适量水，充分搅拌至黏稠，加入酱油、盐、白糖搅匀，放入葱末、姜末、芝麻油等拌匀，即成馅料。

（2）制汤料　将猪筒子骨洗净，放入锅内，倒入水，用旺火烧沸后，撇去浮沫，改用小火熬煮约1.5小时，即为馄饨汤。

（3）制皮

1）将面粉放入盆内，加入少许盐，倒入150克水，和成面坯，用手揉至面坯光润，盖上湿布醒约20分钟，备用。

2）将醒好的面坯用擀面杖擀成厚薄均匀的薄片，厚约0.1厘米，切成边长约10厘米的三角形或底边10厘米的梯形，即为馄饨皮。

（4）生坯成型　将馅料包入馄饨皮中，制成中间圆、两头尖的馄饨生坯。

（5）生坯熟制

1）将酱油、虾皮、紫菜和榨菜放入碗内。

2）将馄饨生坯放入烧沸的汤锅中煮，待汤再次烧沸，馄饨浮起来，即煮熟。

3）先舀出一些热汤放入盛佐料的碗内，再盛入适量的馄饨，撒上香菜段、白胡椒粉，即可食用。

3. 操作关键

1）按原料配方准确称量投料。

2）面坯要揉匀醒透。

3）坯皮要擀得薄而均匀。

4）包馄饨时生坯大小要一致。

5）煮馄饨时要沸水下锅，煮至浮起，稍养即可。

4. 质量标准

面皮滑爽，馅心鲜嫩，汤清味美。

2. 温水面坯的调制

温水面坯是指用50~60℃的水与面粉直接拌和、揉搓而成的面坯，或者指用一部分沸水先将面粉调成雪花面，再淋上冷水拌和、揉搓而成的面坯。

温水面坯的特点是面粉在温水的作用下，部分淀粉发生了膨胀糊化，蛋白质接近变性，还能形成部分面筋网络。温水面坯的成团过程中，面粉中的蛋白质、淀粉都在起作用。

温水面坯的性质处于冷水面坯和热水面坯之间，色较白，筋力较强，柔软，有一定韧性，可塑性强，成熟过程中不易走样，成品较柔糯，口感软滑适中，适合做花色蒸饺等。

温水面坯的操作关键与冷水面坯基本相同，但由于温水面坯本身的特点，在调制中特别要注意以下两点。

1）准确掌握水温。调制温水面坯，适宜用50~60℃温水，不能过高或过低。过高会引起粉粒黏结，达不到温水面坯应有的特点；过低则面粉中的淀粉不膨胀，蛋白质不变性，也达不到温水面坯的特点。

2）面坯热气要散尽。温水面坯里有一定的热气，要等面坯中的热气完全散尽后，再揉成最终的面坯，盖上洁净湿布待用。

技能训练3　温水面坯——梅花饺

1. 原料配方

面粉350克，热水85克，冷水85克，猪肉泥250克，韭黄200克，葱末15克，姜末15克，黄酒15克，虾子3克，盐5克，酱油15克，白糖25克，味精5克，熟蛋黄末50克，熟火腿末30克。

2. 制作过程

（1）馅心调制

1）将韭黄择洗干净，沥干水分，用刀切成细末。

2）将猪肉泥加入葱末、姜末、虾子、黄酒、酱油、盐、白糖、味精拌和入味，搅拌上劲。

3）然后分次加入冷水，顺一个方向搅拌至再次上劲，加韭黄末拌匀，即成韭黄猪肉馅。

（2）面坯调制

1）将面粉过筛后，倒在案板上，扒一个小窝，用热水烫成雪花状，摊开晾凉。

2）再洒上冷水，揉成团，盖上湿布，醒15~20分钟。

（3）生坯成型

1）将面坯揉光，搓成条，摘成小剂子，逐个按扁擀成直径8厘米的圆皮。

2）先在圆皮的中间用馅挑刮入少量馅心，再把皮分成五等份，向上向中心用镊子捏拢，捏成五个大孔（做花瓣），再将大孔相邻的两边隔等距离用镊子夹紧，形成一个小圆孔，如此形成五个小圆孔（做花蕊）。

3）在小圆孔中填上熟火腿末，大圆孔中填上熟蛋黄末，形成梅花形生坯。

（4）生坯熟制　将生坯摆入蒸笼屉中，旺火蒸8分钟左右。

3. 操作关键

1）选择中筋面粉，筋性适当。

2）和面时用热水烫成雪花状，摊开晾凉后，再洒上冷水，揉成团。

3）面坯适当醒面，形成一定的筋性。

4）拌制馅心一定要上劲。

5）包制时注意梅花饺形状的把握。

4. 质量标准

色泽鲜艳，形如梅花，口味咸鲜，口感软韧。

技能训练4　温水面坯——燕子饺

1. 原料配方

面粉350克，热水85克，冷水85克，猪肉泥250克，洋葱75克，葱末15克，姜末10克，黄酒15克，虾子2克，盐3克，酱油15克，白糖10克，味精2克，红樱桃末15克，水发香菇末50克，蛋液50克。

2. 制作过程

（1）馅心调制

1）洋葱去皮洗净，切成细末。

2）将猪肉泥加入洋葱末、葱末、姜末、虾子、黄酒、酱油、盐、白糖、味精拌和入味，搅拌上劲。

3）然后加入少量冷水，顺一个方向搅拌至再次上劲即成鲜肉馅。

（2）面坯调制

1）将面粉过筛后，倒在案板上，扒一个小窝，用热水烫成雪花状，摊开晾凉。

2）再洒上冷水，揉成团，盖上湿布，醒15~20分钟。

（3）生坯成型

1）将面坯揉光，搓成条，摘成小剂子，逐个按扁擀成直径8厘米的圆皮。

2）将圆皮周长划分成6等份，上端和下端各留1/6，两边各占1/3。

3）将两边的圆皮推出波浪花边，然后在圆皮中心放上馅心，将两边的波浪花边向中间对捏，上边不捏紧，略翻出；下边捏紧，成为两只翅膀，将翅膀粘牢。

4）上端1/6经捏制后成一圆孔，将圆孔捏出一个尖角成为嘴巴，在圆孔中放入水发香菇末，成为鸟头，香菇末中间按上一点红樱桃末，即为眼睛。

5）下端的1/6也捏成一个圆孔，在圆孔的中心部位，用骨针竖着向两翅膀中间推进，粘上蛋液，捏成剪刀形的尾巴。

（4）生坯熟制　将生坯上笼蒸8分钟成熟即可。

3. 操作关键

1）选择中筋面粉，筋性适当。

2）和面时用热水烫成雪花状，摊开晾凉后，再洒上冷水，揉成团。

3）适当醒面，形成一定的筋性。

4）拌制馅心一定要上劲。

5）包制时注意燕子饺形状的把握。

4. 质量标准

色泽和谐，形如燕子，口味咸鲜，口感软韧。

技能训练5　温水面坯——鸳鸯饺

1. 原料配方

面粉350克，热水85克，冷水85克，猪肉泥250克，芹菜200克，葱末15克，姜末10克，黄酒15克，虾子2克，盐3克，酱油15克，白糖25克，味精

5克，熟火腿末75克，黄蛋皮末75克，蛋液适量。

2. 制作过程

（1）馅心调制

1）将芹菜择洗干净，用开水焯水后，冷水过凉，挤干后切成末。

2）将猪肉泥加入葱末、姜末、虾子、黄酒、酱油、盐、白糖、味精拌和入味，搅拌上劲。

3）然后分次加入冷水，顺一个方向搅拌至再次上劲，加芹菜末拌匀，即成芹菜猪肉馅。

（2）面坯调制

1）将面粉过筛后，倒在案板上，扒一个小窝，用热水烫成雪花状，摊开晾凉。

2）再洒上冷水，揉成团，盖上湿布，醒15~20分钟。

（3）生坯成型

1）将面坯揉光，搓成条，摘成小剂子，逐个按扁擀成直径8厘米的圆皮。

2）在圆皮中间放上馅心（馅心要硬一点），在圆皮的四周涂上蛋液，将圆皮两边的中间部分对粘起，再转90°，先后把两端的两边对捏紧，成为鸟头、鸟嘴，两边的中间各现出一个圆。

3）用铜夹子把鸟嘴夹出花纹，再在鸟头两边的空洞中分别放入熟火腿末和黄蛋皮末，即成生坯。

（4）生坯熟制 将生坯上笼蒸8分钟成熟即可。

3. 操作关键

1）选择中筋面粉，筋性适当。

2）和面时用热水烫成雪花状，摊开晾凉后，再洒上冷水，揉成团。

3）适当醒面，形成一定的筋性。

4）拌制馅心一定要上劲。

5）包制时注意鸳鸯饺形状的把握。

4. 质量标准

色泽和谐，形如鸳鸯，口味咸鲜，口感软韧。

技能训练 6 温水面坯——金鱼饺

1. 原料配方

中筋面粉350克，热水85克，冷水85克，猪肉泥350克，葱末15克，姜末15克，黄酒15克，虾子3克，盐3克，酱油15克，白糖8克，味精2克，红樱桃圆粒60个。

2. 制作过程

（1）馅心调制 将猪肉泥加入葱末、姜末、虾子、黄酒、酱油、盐搅拌入味，搅拌上劲，然后分次加入冷水，顺一个方向搅拌至再次上劲，加入白糖、味精拌匀成鲜肉馅。

（2）面坯调制

1）将面粉过筛后，倒在案板上，用热水烫成雪花状，摊开晾凉。

2）再洒上冷水，揉成团，盖上湿布，醒20分钟。

（3）生坯成型

1）将面坯揉光，搓成条，摘成小剂子，按扁擀成直径8厘米的圆皮。在圆皮直径的1/4处放上馅心，将圆皮沿直径对称向上提起。前端的1/4圆皮，用筷子夹出3个小孔与中间的两边相连，做成鱼嘴和鱼眼睛。

2）然后再用筷子夹住圆皮的中间，将馅心往身部推、捏拢，把后端的1/2圆皮按扁成扇面形，剪成3片，修成鱼尾形状，用木梳压出鱼尾细纹，在鱼的脊背处用铜夹子夹出背鳍，即成金鱼饺生坯。

（4）生坯熟制 将生坯上笼蒸8分钟成熟，出笼后在鱼的两只眼睛孔里放上红樱桃圆粒。

3. 操作关键

1）选择中筋面粉，筋性适当。

2）和面时先用热水将面粉烫成雪花状，再洒上冷水，揉成温水面坯。

3）适当醒面，形成一定的筋性。

4）拌制馅心一定要上劲。

5）包制时注意金鱼形状的把握。

4. 质量标准

色泽和谐，形如金鱼，口味咸鲜，口感软韧。

3. 热水面坯的调制

热水面坯是指用70~90℃以上的水与面粉混合，揉搓而成的面坯。

热水面坯的特点是面粉在热水的作用下，既使其中的蛋白质变性，又使淀粉膨胀糊化产生黏性，大量吸水形成面坯。行业中把烫面的程度称为“三生面”“四生面”。“三生面”是指十成面当中有三成是生的，七成是熟的；“四生面”是指十成面当中有四成是生的，六成是熟的。一般热水面坯面点品种都用这两个比例。

热水面坯色暗，无光泽，可塑性好，韧性差，成品细腻，柔糯黏弹，易于消化吸收，适合做蒸饺、烧卖等。

热水面坯在调制过程中，一般常用方法就是把面粉摊在案板上，热水浇在面粉上，边浇边拌和，把面烫成一些疙瘩片，摊开散发热气后，适当淋入冷水和成面坯。如果烫好的面坯硬了，应补加热水，揉到软硬适宜为止；如果面烫软了应补充些干面粉，否则会影响质量。热水面坯的制作要求如下。

1）热水要浇匀。热水面坯调制过程中，热水淋烫使淀粉糊化产生黏性，使蛋白质变性，防止生成面筋。在面坯调制的过程中，热水要淋烫浇匀。

2）面坯热气要散尽。热水面坯调制过程中，加水搅匀后要散尽热气，否则蓄在面坯里，制成的面点品种不但容易结皮，而且表面粗糙、开裂。

3）加水分量要准确。热水面坯调制，配方要准确，该加多少水，在和面时要一次加足，不能成团后再调整。

4）揉面程度要适当。热水面坯揉匀揉光即可，多揉则生筋性，失掉了热水面坯的特性。

技能训练 7　热水面坯——牛肉锅贴

1. 原料配方

面粉450克，热水250克（约70℃），冷水25克，牛肉750克，酱油15克，白糖5克，味精2克，盐3克，虾子2克，白胡椒粉2克，芝麻油15克，葱末15克，姜末10克，黄酒15克，花生油50克。

2. 制作过程

（1）馅心调制

1）将牛肉去筋膜并剁成泥。

2）在牛肉泥中加入葱末、姜末、虾子、黄酒、酱油、盐、白糖、味精、白胡椒粉拌和入味，搅拌上劲。

3）然后分次加入少量冷水（分量外），顺一个方向搅拌至再次上劲，即成牛肉馅。

（2）面坯调制

1）将面粉过筛后，倒在案板上，扒一个小窝，用热水烫成雪花状，摊开晾凉。

2）面坯洒冷水，揉搓至表面光滑，即为烫面皮。

3）醒15~20分钟。

（3）生坯成型

1）将揉搓好的面坯搓条摘成剂子。

2）用擀面杖擀成中间厚、边缘稍薄的面皮，包入牛肉馅心，捏成褶纹饺。

（4）生坯熟制

1）把锅贴摆入已抹油并烧热的平底锅里，先煎半分钟。

2）加水至锅贴的1/3高，加盖煎至水干饺熟，底呈金黄焦色即可。

3. 操作关键

1）选择中筋面粉，筋性适当。

2）和面时用热水烫成雪花状，摊开晾凉后，再洒上冷水，揉成团。

3）适当醒面，形成一定的筋性。

4）拌制馅心一定要上劲。

5）包制时注意锅贴形状的把握。

4. 质量标准

色泽焦黄，形如月牙，口味咸鲜，口感软韧。

技能训练8　热水面坯——煎饺

1. 原料配方

面粉350克，热水150克，冷水25克，猪肉泥250克，葱末15克，姜末10克，黄酒15克，虾子2克，盐3克，酱油15克，白糖15克，味精3克。

2. 制作过程

（1）馅心调制

1）将猪肉泥加葱末、姜末、虾子、黄酒、酱油、盐、白糖、味精拌和入味，搅拌上劲。

2）然后加入少量冷水（分量外），顺一个方向搅拌再次上劲，即成猪肉馅。

（2）面坯调制

1）将面粉过筛后，倒在案板上，扒一个小窝，用热水烫成雪花状，摊开晾凉。

2）再洒上冷水，揉成团，盖上湿布，醒15~20分钟。

（3）生坯成型

1）将面坯揉光搓成条，摘成30个剂子，撒上干粉，逐个按扁，擀成直径9厘米、中间厚、四周稍薄的圆皮，左手托皮，右手用馅挑刮入25克馅心成一条枣核形。

2）将面皮四六划分，用左手拇指顶住面皮的四成部位，以左手的食指顺长围住面皮的六成部位，左手的中指放在拇指与食指的中间稍下点的部位，托住饺子生坯。

3）再用右手的食指和拇指将六成面皮边捏出褶皱，贴向四成面皮的边沿，一般捏14个褶，捏成月牙形生坯。

（4）生坯熟制

1）生坯上笼，置蒸锅上蒸8~10分钟，成品鼓起不粘手即为成熟，冷却备用。

2）平底不粘锅倒入适量油，先在火上烧一下，待油有些热的时候关火，把饺子整齐地放进锅里，加水至饺子的一半位置，盖上盖子大火烧开后转中火，待水煮干后开盖再加些水，没过饺子底部就可以，盖上盖子以中火焖，待水烧干饺子底部发脆即可起锅装盘。

3. 操作关键

1）选择中筋面粉，筋性适当。

2）和面时用热水烫成雪花状，摊开晾凉后，再洒上冷水，揉成团。

3）适当醒面，形成一定的筋性。

4）拌制馅心一定要上劲。

5）包制时注意月牙饺形状的把握。

4. 质量标准

色泽焦黄，形如月牙，口味咸鲜，口感软韧。

技能训练 9　热水面坯——翡翠烧卖

1. 原料配方

面粉350克，热水150克，冷水25克，青菜1000克，葱末15克，姜末10克，黄酒15克，虾子2克，盐3克，白糖15克，味精3克，熟猪油50克，熟火腿末50克。

2. 制作过程

（1）馅心调制　将青菜除去黄叶，洗净后放入沸水锅内烫一下，捞起放入冷水中漂清，再斩成细末，放入布袋中挤干水分，倒出放入盆内，加葱末、姜末、黄酒、虾子、味精、白糖、盐、熟猪油拌和，即成翡翠馅心。

（2）面坯调制　将面粉放入盆中，加热水烫成雪花片状，再加冷水拌和揉匀，揉至面坯光滑，稍微醒一会。

（3）生坯成型

1）将面坯搓成长条，摘成每个15克左右的坯子，然后用擀面杖擀成直径9厘米左右、荷叶形边、金钱底的面皮。

2）面皮摊在左手掌中，取40克翡翠馅心放在面皮中间，然后左手将面皮齐腰捏拢，右手用刮板在面皮收口处将翡翠馅心压平，再点缀上些许熟火腿末，即成翡翠烧卖生坯。

（4）生坯熟制　将生坯上笼，旺火蒸10分钟即成。

3. 操作关键

1）选择中筋面粉，筋性适当。

2）和面时用热水烫成雪花状，摊开晾凉后，再洒上冷水，揉成团。

3）适当醒面，形成一定的筋性。

4）包制时捏成花瓶形，颈口馅心微露，用少许熟火腿末点缀。

4. 质量标准

皮面白亮，馅心碧绿，甜润清香。

技能训练 10　热水面坯——糯米烧卖

1. 原料配方

面粉150克，热水75克，冷水15克，糯米200克，干香菇4朵，冬笋1根，肉馅75克，葱末15克，姜末10克，绍酒15克，酱油15克，白糖10克，盐5克，味精2克，色拉油20克。

2. 制作过程

（1）馅心调制

1）糯米洗净后用清水泡至用手能捻碎，蒸至八成熟备用。

2）干香菇洗净后用清水泡发，切成丁；冬笋洗净后也切成丁，备用。

3）油锅放少量油烧热，放入肉馅炒出油，加姜末、葱末、干香菇丁、笋丁炒匀，加入绍酒、酱油、白糖、盐、味精，再加入蒸熟的糯米翻炒均匀，备用。

（2）面坯调制　将面粉过筛后，放入大碗中，加热水烫成雪花状，摊开晾凉，再加冷水揉至光滑，盖湿布醒30分钟。

（3）生坯成型　将面坯揉光搓成条，摘成剂子，用擀面杖擀成荷叶边烧卖皮。包入糯米馅，用勺子压实，用手的虎口捏紧成石榴形，将荷叶边翻开即成荷叶烧卖。

（4）生坯熟制　生坯排放在蒸笼上，用旺火沸水蒸15分钟出锅。

3. 操作关键

1）选择中筋面粉，筋性适当。

2）和面时用热水烫成雪花状，摊开晾凉后，再洒上冷水，揉成团。

3）适当醒面，形成一定的筋性。

4）糯米馅心一定要收干水分。

5）包制时捏成石榴形，开口处馅心微露。

4. 质量标准

色泽浅黄，皮粉馅糯，味道鲜美，造型美观。

4. 浆糊类面坯的调制

浆糊类面坯是完全用100℃的沸水将面粉充分烫熟调制成的一种特殊面坯。

面坯在沸水烫制过程中，面粉中的蛋白质完全成熟变性，淀粉充分膨胀糊化。因此，浆糊类面坯的特点是色泽暗、弹性足、黏性强、筋力差、可塑性高，适宜做煎炸类点心，如泡芙、泡泡油糕、烫面炸糕等。如果换作其他水调面油炸或煎，面点制品则坚实、僵硬，不够酥脆。

调制浆糊类面坯时，先将水锅烧开，然后一边徐徐倒入面粉，一边搅拌，使面粉搅匀至熟。最后倒在涂油的案板上，摊开面坯，使其散尽热气、凉透，再加入适量油脂或蛋品等拌匀。浆糊类面坯的制作要求如下。

1）配料分量要准确。在浆糊类面坯调制过程中，面粉和水量要基本均衡，搅拌后形成稠糊状。水多，面坯易成稀糊，无法成团；水少，面坯则干硬不透。

2）手工搅拌要均匀。在调制过程中，用手持小擀面杖或筷子，一边加面粉一边搅拌，要搅匀烫透。

3）面坯热气要散尽。面糊搅匀后要散尽热气，否则蓄在面坯中，做成的制品不但容易结皮，而且表面粗糙、易开裂。所以，烫好的面坯要摊开，让热气彻底散尽，凉透。

技能训练 11　浆糊类面坯——烫面炸糕

1. 原料配方

面粉500克，豆沙馅300克，食用油250克，清水650克。

2. 制作过程

1）锅上火，加入清水650克烧开，然后倒入面粉，用小擀面杖反复搅拌，待面坯发亮，成为熟烫面坯时撤锅。

2）倒在案板上摊开晾凉后，再掺入少许干面粉，揉匀揉光，放温暖处稍醒。

3）搓成长条，揪成20个剂子。

4）逐个按成小圆皮，包上豆沙馅，收口。

5）再按成小圆饼形，将油锅升温至180℃，放入生坯，炸成金黄色捞出即成。

3. 操作关键

1）炸油糕的关键在和面，面软些才好吃。

2）炸油糕的油温要掌握好，中火炸制才能外焦里嫩。

3）烫面有两种做法，第一种是将7/10的面粉直接倒入开水中搅拌，摊开晾凉后加入剩余的面粉揉成团；第二种做法是将7/10的面粉直接烫好，再将剩余的面粉调成凉水面坯，最后把两种面坯和在一起，揉成团。

4. 质量标准

外酥内嫩，圆如饼，形似鼓，色如铜，香味扑鼻。

技能训练12 浆糊类面坯——波丝油糕

1. 原料配方

面粉500克，熟猪油300克，蜜枣（去核）250克，玫瑰25克，桃仁100克，白糖100克，色拉油750克（实耗100克），沸水350克。

2. 制作过程

（1）馅心调制 将蜜枣、玫瑰、白糖、100克熟猪油混合揉匀成为枣泥。桃仁放入沸水中浸泡后去皮，下油锅炸酥，剁成绿豆大的颗粒与枣泥拌匀，捏成20个球形馅心。

（2）面坯调制 将面粉倒入350克沸水锅中烫熟，加上熟猪油100克揉匀，然后铺开切成数块，晾至不烫手。

（3）生坯成型 将晾好的面揉成团，将熟猪油100克分数次揉入面坯中，再把面坯揪成20个剂子，按成圆饼形，放入球形馅心捏拢，收口处轻轻拍平，即成波丝油糕坯。

（4）生坯熟制 将色拉油750克放入锅中，待烧至220℃时，从锅边徐徐放入糕坯，炸至糕皮呈网状即可。

3. 操作关键

1）烫面时要搅拌均匀。

2）和面时要将熟猪油100克分数次揉入面坯中。

3）炸制时温度要高，糕皮才能呈网状。

4）炸好后放厨房纸上吸去余油。

4. 质量标准

色泽金黄，外酥里嫩，味甜酥香。

2.2 生坯成型

2.2.1 抻的成型方法

抻是将调制好的柔软面坯，经双手反复抖动、抻拉、扣合，最后扣合、抻拉成条状、丝状等形状的面点制品的方法。用抻法成型的面点品种有龙须面、盘丝饼、一窝丝酥等。

技能训练 13 抻的成型方法——龙须面

1. 原料配方

中筋面粉500克，盐5克，碱水10毫升，温水310毫升，色拉油1500克，绵白糖100克。

2. 制作过程

（1）面坯调制 将盐用水化开，再把面粉过筛后放入盆内，倒入盐水，分次加入温水（水温约35℃）和成雪花面，加碱水把面搋匀，用干净湿毛巾将盘盖好，醒25分钟。

（2）生坯成型 取出和好的面，放在案板上拉成长条面坯，然后抓握住面的两端，上下抖动，并向两头抻拉，将面条沿顺时针方向缠绕；然后再抓握住面的两端，上下抖动，并向两头抻拉；将面条沿逆时针方向缠绕，经过多次抻拉、缠绕，待顺筋且粗细均匀，蘸上碱水再略溜几下，开始出条；把已溜好条的面坯对折，抓住两端均匀用力，上下抖动向外拉抻，将条逐渐拉长，再把面条对折，抓住两端再次抻拉，直至所需的粗细。把面抻到11扣，细度刚好合适。

（3）生坯熟制 把抻好的细面丝放在小漏勺中，下入140℃的油锅中迅速拨散，炸成金黄色，沥油装盘，撒上绵白糖即可。

3. 操作关键

1）按原料配方准确称量投料。

2）面坯要揉匀揉透，盖上湿布醒25分钟。

3）面坯水量要适当，太软，面条没有劲，太硬拉不开。

4）溜条时，一次顺时针绕，一次逆时针绕，速度要快。

5）抻面时用力要均匀，以防拉断或粗细不均匀。

6）炸制的油温不宜太高，以140℃为宜；炸制时要迅速将细面丝拨散，炸匀炸透。

4. 质量标准

色泽金黄，细如龙须，口感酥脆，口味香甜。

技能训练14 抻的成型方法——盘丝饼

1. 原料配方

面粉500克，温水310毫升，盐5克，白糖150克，酵母5克，泡打粉8克，豆沙200克，碱2克，芝麻油50克，色拉油500克。

2. 制作过程

（1）面坯调制 将面粉放入盆内，加温水、碱、盐和成软硬适宜的面坯，醒25分钟。

（2）抻面 用抻面的方法拉成11扣面条，顺丝放在案板上，在面条上刷上芝麻油，每隔7.5厘米将面条切成小坯。

（3）生坯成型 取一段面条坯，从一头卷起来，盘成直径约4.5厘米的圆饼形，把尾端压在底下，用手轻轻压扁。

（4）生坯熟制 放入平底锅内慢火烙至两面呈金黄色，成熟即成。

3. 操作关键

1）按原料配方准确称量投料。

2）面坯要揉匀揉透，盖上湿布醒25分钟。

3）面坯吃水要适当，太软，面条没有劲，太硬拉不开。

4）溜条时，一次顺时针绕，一次逆时针绕，速度要快。

5）抻面时用力要均匀，以防拉断或粗细不均匀。

6）烙制时火候要小，便于成熟上色。

4. 质量标准

金黄透亮，酥脆甜香。

2.2.2 削的成型方法

削是用刀将面坯直接削成长条形面条的方法，分为机器削面和手工削面两种。操作过程是：先和好面（面要硬些），每500克面粉掺冷水150~175克为宜，冬增夏减。和好后醒面约半小时，再反复揉成长方形面坯，然后将面坯放在左手掌心，托在胸前对准煮锅，右手持削面刀（一般用铁片或钢片制成，呈瓦片状），从上往下，一刀一刀地向前推削，削成宽厚相等的三棱形面条。面条入锅煮熟捞出，加调味料即可食用。

技能训练15 削的成型方法——刀削面

1. 原料配方

（1）坯料 中筋面粉400克，水180毫升，盐3克。

（2）汤料 雪菜500克，上浆肉片100克，熟猪油50克，葱末15克，姜末10克，盐5克，味精3克，冷水2000毫升。

2. 制作过程

（1）面条制作 将面粉放在盆内，加水和盐，揉匀揉光后再揉成后端大、前端小的圆柱形，醒25分钟。左手托住和好的面块，右手持削面刀，从面块的里端开刀，第二刀接前一刀的刀口上端削出，逐刀往外削，削成扁三棱形、宽厚相等的面条。

（2）面条熟制 直接削入开水锅煮熟备用。

（3）汤料制作 将雪菜切末；锅上火烧热，放入熟猪油加热，将葱末、姜末炸香，再放入雪菜末炒匀，加入冷水烧开，放入上浆肉片氽熟，加盐和味精调味，即成雪菜肉片卤。最后将煮熟的面条装碗，将汤料分装到碗中即可。

3. 操作关键

1）按原料配方准确称量投料。根据季节灵活掌握水温，夏天用冷水，春秋冬可用温水。

2）面坯要稍硬一些，揉匀揉透。

3）盖上湿布醒25分钟。

4）面条要削成扁三棱形、宽厚相等的形状，标准长度不小于25厘米。

5）面条直接削入开水锅煮熟备用。

4. 质量标准

形为柳叶，筋韧可口，汤鲜味美，浇头多样。

2.2.3 拨的成型方法

拨是用筷子将稀糊面坯拨出两头尖、中间粗的条的方法。操作过程是：将稀糊面坯放在碗中，以碗的边缘为着力点，用筷子沿着碗边拨出成型下锅，直接煮熟。这是一种需借助加热成熟才能最后成型的特殊技法。因拨出的面条圆肚两头尖，入锅似小鱼下水，故叫拨鱼面，又称剔尖。

技能训练16 拨的成型方法——拨鱼面

1. 原料配方

（1）坯料　面粉500克，绿豆粉30克，冷水350毫升。

（2）辅料　猪肉（肥瘦）150克，冬笋75克，鸡蛋50克，黄花菜（干）50克，水发木耳15克。

（3）调料　盐5克，味精2克，酱油35克，料酒10克，水淀粉50克，熟猪油50克，鲜汤2000克。

2. 制作过程

（1）面坯调制　面粉加水、绿豆粉调制成软面坯，醒25分钟。

（2）汤卤制作　将猪肉用冷水煮熟，切成小薄片；冬笋去壳，洗净，切成薄片；黄花菜放入碗内，加温水泡软，择去硬头和梗，洗净，切成约3厘米长的段；水发木耳洗净，切成小片；鸡蛋磕入碗内打散，备用。将锅放在火上，倒入熟猪油、鲜汤烧沸，放入煮熟的猪肉片、冬笋片、黄花菜段、木耳片，烧沸撇去浮沫，滚烧约3分钟，加入酱油、料酒、盐、味精，放入水淀粉勾芡，倒入蛋液搅匀，蛋液凝结成片状时，即成汤卤。

（3）生坯成型与熟制　煮锅中加水烧沸，将面坯放入碗内，左手执碗，倾斜在锅的侧上端，右手执一根特制的三棱形竹筷，在锅内开水中蘸一下，紧贴在面坯表面，顺碗沿由里向外将面拨落入开水锅内，熟后捞入碗中，浇上汤卤即成。

3. 操作关键

1）按原料配方准确称量投料。

2）面坯应和得软一些，拌至光滑。

3）拨面的动作要迅速，每次拨出的面条长短、粗细不能相差太大。

4）汤卤可以根据习惯和口味进行调整。

4. 质量标准

形如小鱼，质地爽滑，口感劲韧，汤鲜味美。

2.2.4 搓的成型方法

搓的动作和揉差不多，常常配合揉一起成型，一般指将手掌放在面坯上来回地揉，如搓条、搓麻花等；也指手拿面坯在面案上摩擦，如搓猫耳朵、搓莜面卷等；还指手拿面坯在两只手掌里来回地摩擦成型，如搓圆子等。

技能训练17 搓的成型方法——麻花

1. 原料配方

面粉1000克，干酵母12克，泡打粉12克，白糖300克，豆油100克，冷水550克。

2. 制作过程

（1）面坯调制 将面粉倒在案板上加入干酵母、泡打粉拌均匀，扒个小窝。另将水、白糖放入盆内顺一个方向搅拌，待糖全部溶化后放入豆油，再搅拌均匀，倒入面粉小窝内快速掺和在一起，和成面坯，稍醒，反复揉三遍（醒10分钟揉一遍），最后刷油，以免干皮。

（2）生坯成型 待面发起，搓条下等量小剂，刷油稍醒后即可搓麻花。先取一个小剂子搓成长条，然后一手按住一头一手往一个方向搓至上劲，上满劲后，两头合一起形成单麻花形。接下来，一手按住有环的一头一手接着往一个方向搓至上劲，上满劲后一头插入环中，形成麻花生坯。

（3）生坯熟制 油炸炉内放油，烧至170℃时，放入麻花生坯，炸至浮起后，翻面炸成棕红色，出锅即成。

3. 操作关键

1）按原料配方准确称量投料。

2）面坯要调制均匀，揉搓均匀。

3）注意油炸温度和时间。

4. 质量标准

色泽棕红，麻花形状，口感酥脆，味甜香浓。

技能训练18 搓的成型方法——猫耳朵

1. 原料配方

面粉500克，水225克。

2. 制作过程

1）将面粉倒进盆中，加水和面。

2）和成软硬适度的面坯后，擀成稍厚（2~3厘米）的面片，切成0.5厘米见方的丁，撒面粉。

3）用双手拇指分别按住1块丁状面坯往前推，按成猫耳朵状即成。也可以先将面坯搓成食指粗的条，用右手掐成小块，再放在左手掌碾成猫耳朵状。

4）下入开水锅煮熟，配上各种打卤、浇头。

3. 操作关键

1）按原料配方准确称量投料。

2）冬季用温水，春夏秋用冷水和面。

3）浇上各种荤素浇头，调以山西老陈醋。

4）除用白面粉外，还可用豆面、荞面、莜面、高粱面等做原料，亦可加上配料焖、蒸、炒、烩等。

4. 质量标准

味香形美，口感筋道。

2.2.5 摊的成型方法

摊是将稀软面坯或糊浆入锅或铁板上制成饼或皮的方法，具有两个特点：一是熟成型，即边成型边成熟；二是使用稀软面坯或糊浆，可用于制作成品如煎饼、鸡蛋饼等，也可用于制作半成品，如春卷皮、豆皮、锅饼皮等。操作关键是：将稀软的水调面用力搅打上劲；摊制时的火候要适中，平底锅要干净，每摊完一张要刷一次油，摊的速度要快，要摊匀、摊圆，保证大小一致，厚薄均匀，不出现砂眼、破洞。

技能训练19 摊的成型方法——家常煎饼

1. 原料配方

玉米粉100克，面粉200克，盐2克，清水适量，色拉油适量。

2. 制作过程

1）将玉米粉、面粉、盐混合一起，加适量清水调成糊状。

2）架起鏊子烧热，在上面擦涂薄薄一层油，用舀勺盛一勺糊倒在鏊子上，用刮板刮成饼（多余的糊刮回糊盆中），待烘干烘脆，用铲子铲下叠起。

3. 操作关键

1）粉料混合均匀，然后用适量清水调成糊状。

2）火候宜用中小火加热。

4. 质量标准

色泽浅黄，口感脆韧。

技能训练 20　摊的成型方法——春卷皮

1. 原料配方

面粉100克，盐1克，清水85毫升。

2. 制作过程

1）将面粉放在案板上，扒一个小窝，撒上盐，加适量清水揉成絮状，再分次加水，把面和成筋力十足，具有流坠性的稀面坯，然后放入盆中，封上保鲜膜，醒两三个小时。

2）揪一块面坯，掂在手上。将圆底锅烧热，保持中小火，将手中的面坯迅速在锅底抹一圈形成圆皮，立即拽起，让面坯的筋性带走多余的面。

3）当圆皮边缘翘起，就可以捏着翘起的边缘把面皮揭起来了。

4）做好的春卷皮一张张重叠，放成一摞。

3. 操作关键

1）按原料配方准确称量投料。

2）面坯和成稀软状，有流坠性。

3）将圆底锅烧热，保持中小火。

4. 质量标准

色呈浅白，大小一致，厚薄均匀，面香特别。

2.3　产品成熟

产品成熟即运用各种成熟工艺将成型的面点生坯（又叫半成品）加热，使其在热量的作用下发生一系列的变化（蛋白质的热变性，淀粉的糊化等），成为色、香、味、形俱佳的熟制品的过程。

产品成熟对面点的食用安全性以及面点的风味特征产生了重要的影响，具体表现在以下几个方面。

1）成熟工艺确定了面点制品的安全性。面点制品在成熟过程中，通过各种加热方法，对面点生坯（半成品）起到了消毒杀菌的作用，有害微生物被消灭，甚至一些有害的化学残留物质也被有效分解，使面点制品更易被人体消化吸收，食用更安全。

2）成熟工艺决定了面点制品的色泽。虽然面点成品的色泽和面点使用的原料本身的颜色有很大关系，但有相当一部分面点制品的色泽是在熟制后形成的。如经过煎、炸、烤的制品，发生了焦糖化和美拉德反应，使面点制品形成了金黄的诱人色泽和特殊的风味。

3）成熟工艺形成了面点制品的质感。面点制品的质感，往往在合理的熟制方法后才可以形成。发酵面点生坯蒸熟后形成松软的口感，如馒头、包子等；水调面坯煮熟后形成滑爽韧劲的口感，如水饺、面条等；油酥面坯炸或烤制成熟后形成外酥内软的质感，如海棠酥、凤梨酥等。

4）成熟工艺规范了面点制品的质量和规格。合适的成熟技法是达到产品质量要求的保证。如焦煳的制品，不仅颜色难看，甚至直接丧失了面点制品的可食性；没有完全熟透的制品，不仅口感差，甚至埋下了产生疾病的隐患。而很大一部分面点制品，其具体规格的最终形成往往是成熟之后，如发酵制品、油酥制品等。正确成熟会使制品形态饱满且自然，达到面点产品规范的质量规格要求。

2.3.1 火候的概念

火候是菜肴烹调过程中所用的火力大小和时间长短。烹调时，一方面要从燃烧烈度鉴别火力的大小，另一方面要根据原料性质掌握成熟时间的长短。两者统一，才能使菜肴烹调达到标准。一般火候大小要根据原料性质来确定，但也不是绝对的。有些菜根据烹调要求需要使用两种或两种以上火候。

火候可分为大火、中火、小火和微火四种。

1）大火是烹调中最强的火力，用于“抢火候”的快速烹制，可以减少菜肴在加热中营养成分的损失，并能保持原料的鲜美脆嫩，适用于熘、炒、烹、炸、爆、蒸等烹饪方法。

2）中火有较大的热力，适于烧、煮、炸、熘等烹调手法。

3）小火也称慢火、温火等，此火火焰较小，火力偏弱，适用于煎等烹饪手法。

4）微火的热力小，一般用于酥烂入味的炖、焖等菜肴的烹调。

烹调中运用和掌握好火候要注意以下因素的关系。

1. 火候与原料的关系

面点原料多种多样，烹调中的火候运用要根据原料质地来确定。软、嫩、脆的原料多用旺火速成，老、硬、韧的原料多用小火长时间烹调。如果在烹调前通过初加工改变了原料的质地和特点，那么火候运用也要改变，如原料切细、走油、焯水等都能缩短烹调时间。原料数量的多少，也和火候大小有关。数量越少，火力相对就要减弱，时间就要缩短。原料形状与火候运用也有直接关系，一般大块的原料在烹调中由于受热面积小，需长时间才能成熟，所以火力不宜过旺。碎小的原料因受热面积大，急火速成即可成熟。

2. 火候与传导方式的关系

在烹调中，火力传导是使烹调原料发生质变的决定因素。传导方式是以辐射、传导、对流三种传热方式进行的。传热媒介又分无媒介传热和有媒介传热，如利用水、油、蒸汽、盐传热等介质传热。这些不同的传热方式直接影响烹调中火候的运用。

3. 火候与烹调技法的关系

烹调技法与火候运用密切相关。炒、爆、烹、炸等技法多用旺火速成，烧、炖、煮、焖等技法多用小火长时间烹调。根据菜肴的要求，每种烹调技法在火候运用上也不是一成不变的。只有在烹调中综合各种因素，才能正确地运用好火候。

2.3.2 油温的掌握

油温，指即将投料时锅中油的热度。油的温度通常被称为“几成热”，每成热约为25℃。对油的温度习惯上还分为温油、温热油、热油及烈油。温油，也称三四成热，油温在100℃左右，此时油面无声响和青烟。温热油，也称五六成热，油温在150℃左右，此时油面略有青烟升起，这种油温最适合煎、软炸等。热油，也称七八成热，油温在200℃左右，此时油面青烟四起，适用于炸、烹、炒等烹调方法。烈油，也称九十成热，油温在257℃左右，即将到燃点，仅适用于爆菜等。不同油温的表现见表2-1。

表 2-1　不同油温的表现

油锅	热度	温度	油面	油烟和声响	原料入锅现象
温油锅	三四成热	85~130℃	油面平静	无烟和声响	原料入锅后有少量气泡伴有沙沙声
温热油锅	五六成热	140~180℃	油面波动	有青烟	原料入锅后气泡较多伴有哗哗声
热油锅	七八成热	190~240℃	油面平静	有青烟，手勺搅动时有声响	原料入锅后有大量气泡并伴有噼啪的爆破声
烈油锅	九十成热	250℃以上	油面平静	油烟密而急，有灼人的热气	原料入锅后大泡翻腾伴爆炸声

2.3.3 传热介质的导热原理

1. 产品熟制中的传热方式

面点熟制工艺中传热的基本方式有三种：传导、对流和辐射。传导是指物体各部分无相对位移，物体直接接触时依靠物质分子、原子及自由电子等微观粒子热运动而进行热量传递的现象。对流是依靠流体的运动，把热量由一处传递到另一处的现象。无论是传导还是对流，都必须通过冷热物体的直接接触，即均需依靠常规物质为媒介来传递热量。而辐射的机理则完全不同，它是依靠物体表面对外发射可见或不可见的射线来传递热量的。

2. 熟制工艺中的传热介质

面点熟制工艺中经常使用的传热介质有水及水蒸气、油、空气、金属。

（1）以水为介质的传热　水是最普通、最常用的传热介质，在面点制作中应用极为广泛，主要的传热方式是热对流。面点熟制工艺中以水为介质传热的熟制方法主要是煮制成熟法；水蒸气是达到沸点而汽化的水，以水蒸气为介质传热的方式也是热对流，熟制工艺中以水蒸气为介质传热的熟制方法是蒸制成熟法。

（2）以油为介质的传热　油是重要的导热介质，具有加热温度高，传热迅速快捷，渗透力强的传热特点，以油为介质进行传热可以轻松达到制品香、脆、酥的效果。常用的熟制方法是炸制成熟法。

（3）以空气为介质的传热　这种传热方式是以热空气对流的方式对原料进行加热。以空气为介质的传热，在熟制工艺中经常使用，主要的熟制方法是烤制成熟法。

（4）以金属为介质的传热　以金属为介质的传热，其传热方式是利用锅底的热量把制品制熟。常用的熟制方法是烙制成熟法。

复习思考题

1. 面粉的物理特性有哪些？
2. 面筋的特性有哪些？
3. 简述热水面坯的概念、特点、调制方法和制作要求。
4. 简述抻的成型方法。
5. 简述龙须面的制作方法。
6. 简述家常煎饼的制作方法。
7. 简述产品熟制的概念。
8. 简述熟制的作用。
9. 简述火候的概念。
10. 简述火候与原料的关系。
11. 简述火候的分类。
12. 如何掌握油温？
13. 产品熟制中的传热方式有哪些？

项目 3

膨松面品种制作

- 膨松面品种制作
  - 面坯调制
    - 面坯膨松必须具备的条件
    - 生物膨松面坯调制
      - 生物膨松面坯的概念
      - 生物膨松面坯调制的基本原理
      - 酵母发酵法
      - 面肥发酵法
    - 物理膨松面坯调制
      - 物理膨松面坯的概念
      - 物理膨松面坯的种类和特点
      - 物理膨松面坯的调制方法
      - 物理膨松面坯调制的基本原理
      - 物理膨松面坯调制的影响因素
  - 生坯成型
    - 生物膨松面坯成型的影响因素
      - 糖（碳水化合物）
      - 温度
      - 酵母的质量和数量
      - 酸度
      - 加水量
      - 面粉
      - 发酵时间
    - 物理膨松面坯成型的影响因素
      - 严格选料和用料
      - 注意调制时的每一个环节
  - 产品成熟
    - 物理膨松制品蒸制的技术关键
      - 添加水量，因具而定
      - 控制醒发，留好间距
      - 水沸上笼，盖严笼盖
      - 遴选垫具，适当抹油
      - 掌握火力，控制时间
      - 不宜揭盖，保持密闭
      - 保持水质，注意卫生
      - 及时下屉，动作准确
    - 物理膨松制品烤制的技术关键
      - 炉温的掌握要准确
      - 熟悉底火、面火的运用
      - 掌握好烤炉内的温度
      - 掌握好烤制时间
      - 炉内生坯摆放数量和间隙要合理
      - 其他要点
    - 造型生物膨松制品熟制的技术关键
    - 技能训练1　蒸蛋糕
    - 技能训练2　海绵蛋糕
    - 技能训练3　戚风蛋糕
    - 技能训练4　天使蛋糕
    - 技能训练5　寿桃包

3.1 面坯调制

膨松类面坯是在调制面坯过程中，添加膨松剂或采用特殊膨胀方法，使面坯发生化学或物理反应，改变面坯性质，产生许多蜂窝组织，使体积膨胀的面坯。膨松面坯的特点是疏松、柔软，体积膨胀、充满气体，饱满、有弹性，制品呈海绵状结构。

3.1.1 面坯膨松必须具备的条件

面坯要呈膨松状态，必须具备两个条件：一是面坯内部要有能产生气体的物质或有气体存在，二是面坯要有一定的保持气体的能力。

根据以上两个条件，膨松类面坯主要分为生物膨松类、化学膨松类和物理膨松类，每类面坯都有其个性和特点。

3.1.2 生物膨松面坯调制

1. 生物膨松面坯的概念

生物膨松面坯就是行业内常说的发酵面坯。发酵面坯即在面粉中加入适量发酵剂，用冷水或温水调制而成的面坯。行业内习惯称“发面”“酵面”，是饮食业面点生产中最常用的面坯之一。因其技术复杂，影响发酵面坯质量的因素很多，所以必须经过长期认真的操作实践，反复摸透它的特性，才能制作出多种多样的色、香、味、形俱佳的发面点心品种，如包子、馒头等。

发酵面坯的特点是体积膨胀、气孔均匀、体积饱满、富有弹性、暄软膨松。

2. 生物膨松面坯调制的基本原理

生物膨松面坯采用的发酵剂主要有酵母、面肥、酒酿等，虽然发酵剂不同，但原理是相通的。

在面坯发酵初期，面坯中的氧气和其他养分供应充足，发酵剂的生命活动非常旺盛，这个时候，发酵剂进行着有氧呼吸，能够迅速将面坯中的糖类物质分解成二氧化碳和水，并释放出一定的能量（热能）。在面坯发酵的过程中，面坯有升温的现象，这是由发酵剂在面坯中有氧发酵产生的热能导致的。

随着发酵剂有氧呼吸的进行，面坯中的氧气逐渐稀薄，二氧化碳逐渐增多，这时发酵剂的有氧呼吸逐渐转为无氧呼吸，也就是酒精发酵，同时产生少量二氧化碳。二氧化碳是面坯膨胀所需气体的主要成分。

在发酵面坯调制中，要有意识地为发酵剂创造有氧条件，使发酵剂进行有氧呼吸，产生尽量多的二氧化碳，让面坯充分发起来。如在发酵后期翻面，有利于排出二氧化碳，增加氧气。但有时也要创造适当缺氧的环境，使发酵剂发酵生成少量的酯类物质，形成发酵面坯制品特有的风味。

3. 酵母发酵法

（1）酵母的概念　酵母是典型的异养兼性厌氧微生物，在有氧和无氧条件下都能够存活，是天然发酵剂。酵母在面坯中的发酵主要是利用酵母活动产生的二氧化碳和其他物质，同时发生一系列复杂的变化，使面坯膨松富有弹性，并赋予发酵面坯制品特有的色、香、味。

（2）酵母的作用　酵母在面坯发酵过程中，主要起到以下几种作用。

1）生物膨松作用。酵母在面坯发酵中产生大量的二氧化碳，由于面筋的网状组织而保留在面坯中，使面坯松软多孔，体积变大。

2）面筋扩展作用。酵母发酵除产生二氧化碳外，还有增加面筋扩展的作用，提高发酵面坯的包气能力。

3）提高发酵面点制品的香味。酵母发酵时，产品产生特有的发酵风味。酵母在面坯内发酵时，除产生二氧化碳和酒精外，还伴有许多与发酵制品风味有关的挥发性和非挥发性的化合物，形成发酵制品特有的芳香气味。

4）提高发酵面点制品的营养价值。酵母中蛋白质的含量占一半，并且氨基酸含量充足，尤其是谷物中较缺乏的赖氨酸可提高人体对谷物蛋白的吸收率。

（3）酵母的特性及种类　常用的酵母有液体鲜酵母、固体鲜酵母和活性干酵母等。液体鲜酵母是将酵母的培养溶液除去废渣后形成的乳状酵母，含水量在90%左右，发酵力较均匀。固体鲜酵母又称压榨鲜酵母，是酵母菌培植成的酵母液以冷冻的方式压榨制作而成，呈块状，淡黄色，有特殊香味，含水量在73%~75%，必须在低温下保藏。活性干酵母是用低温干燥法脱去一部分水分制成的颗粒状酵母。

（4）酵母调制面坯的方法

1）将干酵母粉放入小碗中，用30℃的温水化开，静置5分钟，使之活化。酵母菌最有利的繁殖温度是30~40℃。温度低于0℃，酵母菌失去活性；超过50℃，会将酵母烫死。所以发面的最佳温度是30℃左右。

2）将面粉、泡打粉、白糖放入面盆中混合均匀。然后倒入酵母水，搅拌成絮状，再用手反复揉搓成团。

3）为了防止表面风干，用一块干净的湿布将面盆盖严，放在醒发箱中静置，等面坯体积变大，面坯中有大量小气泡时就可以了。这个过程大概需要一个小时左右。在调制面坯的过程中，要尽量地多揉搓面坯，目的是使面粉中的蛋白质充分吸收水分形成面筋，从而能阻止发酵过程中产生的二氧化碳气体流失，使发好的面坯膨松多孔。

（5）酵母调制面坯的操作关键

1）酵母用量要准确。有人认为酵母是天然物质，用多了不会造成不好的结果，只会提高发酵的速度，也许还能增加更多的营养物质。其实，酵母的用量是有标准的，一般为面粉重量的1%左右。若用多了一是面团中酵母味比较重；二是面团发酵速度超快，影响后期造型；三是成品组织呈蜂窝状，不够细密等。

2）活化酵母菌很重要。将适量酵母放入容器中，加30℃左右的温水（和面全部用水量的一半左右即可，别太少）将其搅拌至溶化，静置3~5分钟，这就是活化酵母菌的过程。然后再将酵母溶液倒入面粉中搅拌均匀。

3）掌握和面水温。和面要用温水，温度在25~30℃之间最好。

4）用水比例要适当。面粉、水的比例对发面很重要。一般情况下，500克面粉的用水量不能低于250毫升，即约2∶1的比例。当然也可以根据自己的需要和饮食习惯来调节面坯的软硬程度。同时也要注意，不同面粉的吸湿性不同，要灵活调整。

5）调制面坯要揉光。面粉与酵母水、温水拌匀后，要充分揉面，尽量让面粉与温水充分结合。面坯揉好的直观表现是面坯表面光滑滋润。

6）醒发面坯要适宜。发酵的最佳温度在30~35℃，最好不超过40℃。湿度在70%~75%。这个环境是最利于面坯发酵的。

7）巧用发酵辅助剂。添加少许白糖可以提高酵母菌活性、缩短发面的时间；添加少许醪糟能协助发酵并增添成品香气；添加少许蜂蜜可以加速发酵进程；添加少许牛奶可以提高成品品质；添加少许酸奶能让酵母菌活性更大；添加少许鸡蛋液能增加营养。

4. 面肥发酵法

（1）面肥的概念和做法　面肥又称酵种、老肥、面头、引子等。面肥除含有酵母菌外，还含有较多的醋酸杂菌和乳酸杂菌，故面肥发酵面坯能形成特有的风味。面肥是饮食行业传统的酵面催发方式，经济方便，但缺点是时间长，使用时必须加碱中和酸味。

常见面肥的制作方法是：取一块当天已经发酵好的酵面用水化开，再加入适量的面粉揉匀，放置盆中自然发酵，到第二天就成了面肥。面肥发酵面坯就是利用隔天的发酵面坯所含的酵母菌催发新酵母的发酵方法。

（2）面肥发酵面坯的调制方法　一般情况下，面粉、水、面肥的比例为1∶0.5∶0.05，具体应根据水温、季节、室温、发酵时间等因素灵活掌握。面肥发酵的面坯按照发酵的程度可分为大发酵面坯、嫩发酵面坯；按照酵面的制作方法可分为碰酵面坯、呛酵面坯、烫酵面坯等。

1）大发酵面坯。大发酵面坯又称全发酵面坯，是指发酵成熟的面坯。用这种面坯加工成熟的面点色泽洁白，形状饱满，口感暄软，易于消化，常见的有馒头、花卷、大包子等。一般而言，春秋季每500克面粉加75克面肥为好，夏季加50克，冬季加125克。关于发酵时间，春秋季约需2.5个小时，夏季约需1.5个小时，冬季约需3个小时。

具体的调制方法为：先将面肥放在面盆里，倒入水泡一会，用手将面肥抓开，再放入面粉（或把面肥揪成小块和入面粉，再加水），用两手搓揉到面坯有劲，揉透、揉光，达到手光、盆光、面光。

2）嫩发酵面坯。嫩发酵面坯又称小酵面，是指没有发足的面坯，具有大发酵面坯的膨松性质，又带有水调面坯的韧性，用这种面坯制熟的面点色泽较白，口感比大发酵面坯有劲，适用于馅料带少许汤汁的面点品种的制作，如小笼包、蟹黄汤包等。这种面坯除发酵时间比大发酵面坯要短、面肥投放量要少外，其他与大发酵面坯的调制基本相同。

3）碰酵面坯。碰酵面坯又称抢酵面、拼酵面，就是用较多的面肥与水调面坯拼在一起，经揉制而成的酵面，故也称拼酵面。这种面坯的性质和用途与大发酵面坯一样，实际上它是大发酵面坯的快速调制法，可随制随用。

调制碰酵面坯时，面肥与水的比例需根据品种的需要、气温的高低、静置的时间长短和面肥的老嫩来决定。一般面肥与水的比例是4:6，即四成面肥加六成水调面坯，也有面肥与水比例为5:5的，即面肥和水各一半。在天气很热或急需使用酵面时，可以用碰酵面坯来处理。虽说碰酵面坯的性质和用途与大发酵面坯相同，但其成品质量不如大发酵面坯光洁。所以在操作过程中要注意面肥不能太老，要用新鲜的面肥；如时间允许，碰好的面坯最好醒一下再用。

4）呛酵面坯。呛酵面坯是指反复将发酵面坯呛入一定数量的干面粉制成的面团。通常每500克面粉加水150~170克调制成发酵面团，待发好后再分次呛入25克干面粉揉匀。其特点是具有较松软的海绵体积，异常暄软，耐嚼力好，如高桩馒头等。

5）烫酵面坯。烫酵面坯即把面粉用沸水烫熟，拌成雪花状，稍冷后再放入面肥揉制而成的酵面。烫酵面坯在拌面粉时因用沸水烫，所以制品色泽不白净，但吃口软糯、爽滑，适宜制作煎、烤等品种，如黄桥烧饼、大饼、生煎包等。

调制烫酵面坯时在和面盆中放入面粉，中间扒一小窝，将沸水倒入窝中（面、水比一般为2:1），将双手伸入盆底由下向上，以面粉推水抄拌成雪花状，稍凉后用双手搋透、揉透，再加入面肥（面粉、面肥比为10:3），搋揉均匀即可发酵。

（3）面肥发酵面坯的兑碱技术 兑碱的目的是为了去除面坯中的酸味，使成品更膨大、洁白、松软。兑好碱的关键是掌握好碱水的浓度，一般以浓度40%的碱水为宜。

1）配制碱水。将50克食用碱放入75克清水中溶解，即成40%碱水。饮食行业中遵循的测试碱水浓度的传统方法是：切一小块面肥发酵面坯丢入配好的碱水中，如面坯下沉不浮，则碱水浓度不足40%，可继续加碱溶解；如丢入后立即上浮水面，则碱水浓度超过40%，可加水稀释；如丢入的面坯缓缓上浮，既不浮出水面，又不沉底，表明碱水浓度合适。

2）兑碱方法。先在案板上均匀地撒上一层干面粉，将发酵面放在干面粉上摊开，均匀地浇上碱水，并抹均匀，折叠好。然后，双手交叉，用拳头或掌根将面坯向四周摅开，摅开后卷起来再摅，反复几次后再使劲揉搓，直至碱水均匀地分布在面坯中，否则会出现花碱现象。

3）验碱方法。验碱一般采用感官检验。用刀切开揉好的发酵面坯，闻之有香味而无明显酸味和碱味，说明碱量适度；再查看切开的发酵面坯横断面，如孔洞均匀，略呈圆形如芝麻大小，则碱量合适。

饮食行业中传统的验碱方法有嗅、尝、揉、拍、看、试等几种。

a. 嗅酵法是指酵面加碱揉匀后，用刀切开酵面闻，有酸味即碱少了，有碱味即碱多了，无酸碱味为适当。

b. 尝酵法是指取一块加碱揉匀的面坯放在嘴里嚼，味酸即碱少，有碱味即碱多，有酒香味而无酸碱味为正常。

c. 揉酵法是指酵面加碱后用手揉面坯，粘手无劲是碱少；劲大滑手是碱多；揉时顺手，有一定劲力，不粘手为正常。

d. 拍酵法是指将加过碱的面坯揉匀，用手拍面坯，声音空、低沉为碱少，声实为碱多，拍上去“啪啪”响的为正常。

e. 看酵法是指将加过碱的面坯揉匀，用刀切开酵面，内层的孔洞大小不一即碱少，洞孔呈扁长条形或无洞孔即碱多，孔洞均匀呈圆形、似芝麻大小为正常。

f. 试酵法是指取一小块加碱揉匀的面坯放在笼上蒸，成熟后表面呈暗灰色、发亮的即碱少，表面发黄即碱多，表面白净为正常。

（4）面肥发酵面坯调制的操作关键

1）根据具体的面点品种选择合适的发酵面坯。

2）掌握面肥发酵面坯的程度。面坯发酵1~2小时后，若面坯弹性过大，孔洞很少，则需要保持温度，继续发酵；若面坯表面裂开，弹性丧失或过小，孔洞成片，酸味很浓，则面坯发过了头，此时可以掺面粉并加水后，重新揉成团，盖上湿布，放置一会，再醒一醒；若面坯弹性适中，孔洞多而均匀，有酒香味，说明面发得合适，即可兑碱使用。

3）把握兑碱技术。要掌握碱水配制方法、兑碱方法和验碱方法，这样才能制作出膨松暄软、色味俱佳的面点。

3.1.3 物理膨松面坯调制

1. 物理膨松面坯的概念

物理膨松面坯是指将鸡蛋、油脂经过高速抽打，混入气体，然后与面粉等物料混合调制而成的蛋泡面坯或蛋油面坯。经过加热使面坯内所含气体受热膨松，成品松发、柔软。这种作用既不是酵母起的生物作用，也不是化学膨松剂的化学作用，而是气体受热膨胀的物理作用，故称物理膨松法，又叫机械力胀法，行话叫调搅法。

2. 物理膨松面坯的种类和特点

常见的物理膨松面坯有以下两种。

（1）海绵蛋糕面坯　海绵蛋糕的面坯呈较膨松稀软的膏糊状，内部组织疏松柔软，体积膨胀，充满气体，颜色乳白，坯体流动性较好。

（2）油脂蛋糕面坯　油脂蛋糕的面坯呈较细密的泡沫状，细腻滑润，色泽乳白，坯体具有一定的流动性。

在制作过程中，空气通过搅拌进入油脂形成气泡，使油脂膨松、体积增大；当蛋液加入到打发的油脂中时，蛋液中的水分与油脂在搅拌下发生乳化。乳化对油脂蛋糕的品质有重要影响，乳化越充分，制品的组织越均匀，口感亦越好；为了改善油脂的乳化，在加蛋液的同时可加入适量的蛋糕油，可使油和水形成稳定的乳液，使蛋糕烤制后质地更加细腻。

3. 物理膨松面坯的调制方法

物理膨松面坯的调制方法有以下几种。

（1）蛋白、蛋黄分开搅拌法　蛋白、蛋黄分开搅拌法的工艺过程相对复杂，投料顺序对蛋糕品质更是至关重要。通常需将蛋白、蛋黄分开搅打，所以最好要有两台搅拌机，一台搅打蛋白，另一台搅打蛋黄。先将蛋白和糖打成泡沫状，用手蘸一下，泡沫竖起，尖略下垂；另一台搅打蛋黄与糖，并缓缓将蛋白泡沫加入蛋黄糊中，最后加入面粉拌和均匀，制成面糊。在操作的过程中，为了解决吃口较干的问题，可在搅打蛋黄时，加入少许油脂，利用蛋黄的乳化性，将油与蛋黄混合均匀。

（2）蛋糖搅拌法　蛋糖搅拌法是将鸡蛋与糖搅打至起泡后，再加入其他原料拌和的一种方法。具体制作过程是将配方中的鸡蛋和糖一起放入搅拌机，先用慢速搅打2分钟，待糖、蛋混合均匀，再改用中速搅打至蛋糖呈乳白色，用手指勾起，蛋糊不会往下流，然后改用快速搅打至蛋糊能竖起，但不坚实，体积达到原来蛋糖体积的3倍左右，将面粉过筛后倒入已打发好的蛋糖中，并改用手工搅拌面粉（或用慢速搅拌面粉），拌匀即可。

（3）乳化法　乳化法是指在制作海绵蛋糕时加入乳化剂的方法。蛋糕乳化剂又称蛋糕油，可降低传统海绵蛋糕的制作难度，同时还能使制作出的海绵蛋糕融入更多的水、油脂，使制品不容易老化、不易变干变硬，吃口更加滋润，更适宜批量生产。

具体操作是：蛋糖打匀后加入面粉量10%的蛋糕油，待蛋糖打发至发白时，加入面粉，用中速搅打至奶油色，然后加入30%的水和15%的油脂搅匀即可。

4. 物理膨松面坯调制的基本原理

物理膨松面坯制作过程中，鸡蛋清通过高速搅打，快速打入空气，形成泡沫。同时，由于表面张力的作用，鸡蛋清泡沫收缩变成球形，加上鸡蛋清胶体具有黏性使加入的面粉原料附着在鸡蛋清泡沫周围，泡沫变得很稳定，能保持住混入的气体。加热的过程中，泡沫内的气体受热膨胀，使面点成品疏松多孔并具有一定的弹性。

5. 物理膨松面坯调制的影响因素

（1）鸡蛋　新鲜的鸡蛋灰分少、含氮物质量高、胶体溶液的浓度强，能搅打进较多的气体，且保护气体的性能稳定。存放时间过久的蛋和散黄蛋均会使膨胀效果受到限制。

（2）面粉　调制物理膨松面坯宜用粉质细、筋力不高的面粉。为了降低面粉的筋力，使成品更暄软、美观，可将面粉蒸熟后取出晾凉，过筛后使用。这样面粉中的蛋白质不形成面筋，有利松发。

（3）温度　蛋液在30℃左右时松发性能最好，形成的气泡最稳定。温度太高、太低都会影响松发。所以冬天常将打蛋桶置于热水中，使蛋液的温度升高，以提高膨松效果。

（4）器具　搅拌机是以搅打为动力，搅打的速度与搅打器接触面积大小有关。一般来说，速度快、搅打的接触面广，则效率高、产泡沫性好，所以搅打器均采用多面体形。

3.2　生坯成型

3.2.1　生物膨松面坯成型的影响因素

生物膨松面坯发酵的要求：一是要具有产生二氧化碳的能力；二是面坯必须具有保持气体的能力，使之不逸散，即形成具有良好伸展性、弹性和可以持久地包住气体的结实的膜。影响面坯发酵的因素如下。

1. 糖（碳水化合物）

酵母在发酵过程中只能利用单糖。一般情况下，面粉中的单糖很少，不能满足面坯发酵的需要。酵母发酵所需的单糖主要来自两个方面：一是面粉中的淀粉经一系列水解成单糖，二是配料中加入的蔗糖经酶水解成单糖。在发酵过程中，淀粉在淀粉酶的作用下水解成麦芽糖；酵母本身可分泌麦芽糖酶和蔗糖酶，将麦芽糖和蔗糖水解成相应的单糖。在整个面坯发酵过程中，酵母利用这些糖类及其他营养物质进行有氧呼吸和无氧发酵，促使面坯发酵成熟。

2. 温度

温度是酵母生命活动的重要因素，以25~28℃为宜。如果发酵温度低于25℃，会影响发酵速度，延长生产周期；如果温度过高，虽然缩短了发酵时间，但温度过高会给杂菌生长创造有利条件，进而影响制品质量。如醋酸菌最适宜生长的温度是35℃，乳酸菌最适宜生长的温度是37℃，这两种菌的生长繁殖会提高面坯的酸度，降低制品质量。此外，考虑到面坯发酵过程中，酵母菌代谢活动也会产生一定的热量而提高面坯温度，故发酵温度应控制在25~28℃，最高不超过35℃。实际生产中，面坯发酵的温度主要依据气温和水温来进行调节。一般春秋季节用温水，冬季用温热水，夏季用凉水。

3. 酵母的质量和数量

在面坯发酵过程中，酵母发酵力对面坯发酵有着很大的影响，它也是酵母质量的重要指标。在酵母用量相同的情况下，发酵力高的酵母发酵速度快，否则发酵速度慢。

在酵母发酵力相同的情况下，适当增加酵母的用量可以加快发酵速度，并且酵母用量与面粉质量有一定关系。酵母的用量一般以占面粉的1%~2%为宜。饮食行业中，用老酵（老肥）作为生物膨松剂，用量一般不超过面粉的20%，老酵用多了会有异味，影响制品质量。需注意的是酵母用量并非越多越好，若酵母用量太大，发酵速度反而下降。只有酵母数量恰当，发酵速度才快。

4. 酸度

在酵母发酵的同时，也发生着其他发酵反应，如乳酸发酵、醋酸发酵、丁酸发酵、酪酸发酵等。

1）乳酸发酵是面坯中经常发生的。面坯在发酵中，乳酸菌生长繁殖，将单糖分解产生乳酸。面坯中约60%的酸度来自乳酸，其次是醋酸。乳酸的积累虽增加了面坯的酸度，但它与酵母发酵产生的酒精发生酯化作用，可改善面点产品的风味。

2）醋酸发酵是指醋酸菌将发酵过程中产生的酒精进一步氧化成醋酸。醋酸会给面包带来刺激性酸味，在面包生产中应尽量避免。

3）丁酸发酵是丁酸菌将单糖分解成丁酸和二氧化碳。丁酸菌属厌气性微生物，含有很多酶，这些酶能将多糖（包括纤维素）水解成为可发酵糖供发酵用。

4）酪酸发酵的条件是乳酸的积蓄。正常条件下酪酸发酵极微，当发酵温度较高、时间较长时，会发生酪酸发酵，带来异臭味。

总之，面坯在发酵过程中酸度增高是由这些杂菌繁殖引起的，它们主要混杂于鲜酵母中，故保持酵母的纯度非常重要。另外，这些产酸菌主要是嗜温性菌，所以要严格控制面坯的发酵温度，防止产酸菌的生长和繁殖。

5. 加水量

酵母的芽孢增长率因面坯中水分的多少而异。在一定范围内，面坯内含水量越多，酵母芽孢增殖越快，反之越慢。正常情况下，加水量多的面坯面筋水化和结合作用容易，面坯的发酵速度快，气体保持力好，但要是超过了一定限度，加水过多，面坯膜的强度会变弱，气体保持力也会下降。同时，较软的面坯（加水多的面坯）易受酶的分解作用，使气体保持力不足；加水量少的面坯对气体的抵抗力较强，从而抑制了面坯的发酵速度。所以面坯适当调得软些，对发酵是有利的。

根据实验，掺水量以面粉的45%~50%为宜。具体调制面坯时，还应根据面粉的性质、质量、制作要求、气温高低等因素来确定加水量。富强粉中的蛋白质含量高、粉粒细腻、颜色白净，具有良好的吸水性，掺水量可适当多一些；标准粉掺水量可相应少一些。新面粉或面粉中水分含量高时，吃不进很多水，加水量就不能高；如粉质比较干燥，加水量就应多一些。若天气潮湿、气温高，加水量应相应少一些；天气干燥、气温低，加水量可略多一些。

由于糖、油、蛋类本身含液体，面粉的吸水能力也因此受到影响，所以有它们时加水量要酌情减少。

6. 面粉

来自面粉的影响主要是面粉中的面筋、酶及其新陈程度的影响。

（1）面筋　面坯发酵过程中产生大量二氧化碳气体，需要用强力面筋形成的网络包住，才能使面坯膨胀形成海绵状结构。如果面粉中含弱力面筋，面坯发酵中产生的大量气体不能被包住，易造成面包坯塌架。所以生产面包时要选择面筋含量高且筋力强的面粉。

（2）酶　酵母在发酵过程中，需要淀粉酶将淀粉不断地分解成单糖供酵母利用。如果使用已变质或者经过高温处理的面粉，淀粉酶的活性受到抑制，会降低淀粉的糖化能力，影响面坯正常发酵。此时，可以添加一些淀粉酶作为改良剂，也可用麦芽糖汁，但用量不能过多，否则面坯变软、面点产品发黏。

（3）面粉的新陈程度　不管面粉是太新或是太陈，气体保持能力都会下降。如果使用新粉，延长发酵时间或使用氧化剂等方法可以调整；如果面粉太陈，则比较困难。

7. 发酵时间

在其他因素确定以后，发酵时间对面坯的发酵影响极大。发酵时间过长，发酵过度，面坯质量差，酸味大，弹性也差，制成品带有“老面味”，呈塌落瘫软状态；发酵时间过短，发酵不足，则不胀发，色暗质差，也影响制品的质量。因此，准确地掌握发酵时间是十分重要的。一般说来，时间的掌握，要先看酵母或面肥的数量和质量，再参照气温、水温而定。根据实践经验，用面肥发酵，适宜时间为夏季2~3小时、春秋5~6小时、冬季10~12小时。

以上七种因素，不是孤立存在的，既互相联系，又互相制约。了解和掌握这些因素的性质以及它们之间的辩证关系，是调制发酵面坯技术的核心。

3.2.2 物理膨松面坯成型的影响因素

1. 严格选料和用料

鸡蛋一定要选择新鲜的，保气性稳定；白糖选择绵白糖，易于溶解。

2. 注意调制时的每一个环节

温度与气泡的形成和稳定有密切联系，新鲜鸡蛋清在25~30℃室温中搅打起泡效果最佳，黏度也最稳定。温度偏高或偏低，都不利于起泡；搅打的时候，一般先慢后快，顺着一个方向搅打效率比较高。

3.3 产品成熟

产品成熟是面点制作中的最后一道工序，也是非常关键的一道工艺。因为成熟效果的好坏对成品质量影响很大，也是面点制品的色、香、味、形、质等风味特征形成的关键因素。饮食行业有一句俗语：“三分做功，七分火功”，可以充分说明面点的熟制在面点制作工艺中占有非常重要的地位。

3.3.1 物理膨松制品蒸制的技术关键

1. 添加水量，因具而定

常见的蒸具有蒸锅和蒸箱两种，若使用蒸锅，加水量以淹过笼足5~7厘米为宜。现在常用一种配合蒸笼使用的锅盖，中间有孔，但孔略小于蒸笼，此时水量为锅的6~8成。水量的多少，直接影响蒸汽的大小。水量多，则蒸汽足；水量少，则蒸汽弱，而且容易干锅，产生的水蒸气容易从笼底散失，笼口没有足够密度的水蒸气供给面点生坯，使制品夹生、粘牙等。因此，蒸锅中水量要充足，但也要注意，水量过大时，水沸腾向上翻滚，容易浸湿制品，直接影响制品质量。若使用蒸箱，水箱中的水以6~8成量为宜。

2. 控制醒发，留好间距

将醒发好的制品生坯按一定间距整齐地摆入蒸屉。间距应使生坯在蒸制过程中有膨胀的余地，间距过密，会使制品相互粘连，影响制品形态。一般情况下，生坯摆屉后即可入笼蒸制，但一些酵面制品必须在成型后静置一段时间，使在成型过程中由于揉搓而紧张的生坯略松弛并继续醒发一段时间。这样利于成熟并达到最佳的醒发效果，但要掌握好醒发的温度、湿度和时间。

（1）温度　静置时要求环境温度在30~35℃之间，加强酵母菌活力，使坯体继续胀大。如果温度过低，坯体胀发性差，体积不大；如果温度较高，生坯的上部气孔过大，组织粗糙，也影响质量，熟制后易塌陷变形，口感不细腻。

（2）湿度　在静置时，湿度要合理，湿度过小，生坯表面易干燥、结皮；湿度过大，表面凝结水过多，易使生坯产生泡水现象，熟制后会在泡水处形成斑点，影响制品外观。通常情况下，在静置时用手持喷雾器在上方均匀地喷两三下即可。

（3）时间　静置时间对制品的质量影响也非常大。静置时间不足，达不到松弛面筋和继续胀发的目的。时间过长，制品生坯会出现跑碱现象而使制品产生酸味。所以静置时间应根据品种、季节、温度等条件灵活掌握。一般控制在10~30分钟。

3. 水沸上笼，盖严笼盖

蒸制馒头、包子、烧卖等，都应该在水沸腾并已经产生大量蒸汽后再上笼蒸制，不能用冷水或温水蒸制。特别是蒸制膨松面坯制品，更应该在水蒸气大量出现时，再将生坯上笼。如果水未沸腾就上笼，等到慢慢将水烧开产生大量蒸汽还有一段时间，此时由于笼内温度不够高，热传导速度慢，造成生坯内外成熟速度有较大差距，生坯表面蛋白质逐渐变性凝固，淀粉也受热糊化定型，大大抑制了坯内气体的膨胀力度，如果是老面发酵，还会出现跑碱的现象，产生酸味。

另外，由于成熟时间相对增长，制品吸水过多，食用时还会出现粘牙的现象。所以，必须水沸上笼，并盖严笼盖，增大笼内气压，加快成熟速度。

4. 遴选垫具，适当抹油

在蒸制的过程中，由于坯皮的黏性，制品成熟后易黏附在蒸笼或蒸屉上，不易拿取而影响面点制品的外观。常用的预防措施有两种：一是在蒸具中加放垫片，如屉布、松针、玉米叶、荷叶、芭蕉叶、硅胶垫片、食品用油纸等；二是在蒸笼上抹油，利用油脂的隔离作用，防止面点制品在加热和成熟过程中产生粘连。

5. 掌握火力，控制时间

不同的面点制品因为原料使用的不同，质地及性质也有很大差异，所以，不同的面点制品蒸制成熟时要严格控制成熟时间。一般而言，蒸制面点制品时，均要求旺火足汽，中途不断汽，不揭盖，保证笼内温度、湿度和气压的稳定。

在时间上，生馅包馅制品的成熟时间比同体积的无馅制品的成熟时间要长；同一个品种，制品数量多，笼格层多的，成熟时间要相应增长；块大、体厚、组织严密、量多的品种，成熟时间要长，相反，时间就短些。

6. 不宜揭盖，保持密闭

在蒸制过程中，不宜揭笼盖，要保持蒸具的密闭性，这样可防蒸汽泄漏，减少热能的损失，从而加速制品的成熟，同时笼内有足够的蒸气压和湿度，以保证制品成熟后的质量。

7. 保持水质，注意卫生

保持水质是保证成品质量的关键。在蒸制过程中，制品中的油脂、糖分及一些其他物质会流入或者溶入水中，污染水质，特别是油脂和其他浮沫会覆盖在水面，影响水蒸气的形成和向上的气压，如果和水蒸气一起升降，跌落在制品表面，还会严重影响制品的外形和色泽。长蒸不换的水质，不仅污染严重，还会产生异味，影响制品的质量。所以，在每次蒸制结束后，要将蒸锅中的水倒掉（或将蒸柜中的水放掉），第二天使用时注意添加干净水。

8. 及时下屉，动作准确

制品到蒸制时间后，要及时下屉，但要养成必要的检验习惯，以避免因经验判断失误而使制品没有完全成熟。简单的方法是用手指轻拍一下制品，制品不粘手，有弹性，并有自然的香味，表明已经成熟。

另外，下笼屉时要先揭盖，后关火，防止水蒸气烫手的同时，动作要迅速准确，并保持笼屉的平稳，不要倾斜晃动，以免影响产品外形。

3.3.2 物理膨松制品烤制的技术关键

1. 炉温的掌握要准确

烤制面点时，绝大部分面点表面受热温度以150~200℃为宜，即炉温应该保持在180~250℃，过高或过低都会影响制品质量。过高，制品表面容易焦煳；过低既不能形成金黄色的表面光泽，也不能促使制品内部成熟，此时如增加烤制时间，则制品水分蒸发过多，就会出现干裂，失去内部松软的特色。常见调节炉温的方法有3种。

（1）先高后低　即在面点生坯刚入炉时，炉温应高一点，使生坯先定型和表面上色，然后再降低炉温，用小火烤制。用这种方法烤制，既可使制品表面不致上色太深，又能使温度从生坯表面渗透到内部，使之成熟又不致焦煳。

（2）先低后高　即在面点生坯刚入炉时，炉温宜低不宜高，在烤制过程中再逐步升温。这种方法能使面点生坯在升温过程中充分松发、膨胀，待膨胀后才定型上色。用这种方法烤制的面点，成熟前后体积变化较大，先用小火能使制品充分胀发，后用大火有利于制品定型上色。

（3）先低后高再低　即在面点生坯刚入炉时，用低温使其松发膨胀，再用高温定型，最后用低温烘去制品过多的水分，使成品不塌陷。

2. 熟悉底火、面火的运用

不同的面点制品对面火和底火都有不同的要求，要根据具体面点品种进行调节。

1）底火特性。底火以传导方式向上传热，热量传递快而强。底火主要决定面点生坯的膨胀或松发程度，所以底火一定要调节好，若底火过小，易使生坯塌陷，成熟缓慢，制品质量欠佳。

2）面火特性。面火以辐射方式传热，主要决定面点生坯的外部形态。烤制时面火过小，会使制品上色缓慢，延长烤制时间，从而导致生坯水分损失较大，成品变得干硬、表面粗糙；若面火过大，易使生坯过早定形，导致面点坯体膨胀不够，且易造成表面上色过快，甚至使成品外焦内生。

底火、面火各有作用，又相互影响。在烤制过程中，应根据不同面点的造型和质量要求来灵活调节，使之符合不同成品对工艺的需要。

3. 掌握好烤炉内的湿度

烤炉内的湿度一般由烤制品的水分蒸发形成。烤炉内湿度大，制品上色好，有光泽；烤炉内过于干燥，制品上色差，表面粗糙。正常情况下的满炉烤制，所蒸发的水分即可达到制品对烤炉湿度的要求。若不是满炉烤制制品时，可通过在烤炉内放置盛有清水的容器来解决。另外还应注意，烤制过程中不要经常开启烤炉门，以防炉内水蒸气散失。

4. 掌握好烤制时间

面点的烤制时间受炉温、湿度、制品生坯的形状、种类，以及是否使用模具等诸多因素的影响。一般来说，烤制的温度高，时间就短；制品的形体大，烤制时间则相应延长。由于面点品种的不同，采用的烤制温度和时间也就不一样，如包以生馅的品种，一般约需10分钟。产品形状不同，所需的时间也不同，长方形要比圆形的烤制时间短，厚的要比薄的烤制时间长。生坯装入模具中要比直接放入烤盘中烤制时间长。

5. 炉内生坯摆放数量和间隙要合理

面点生坯在烤炉内高温的作用下会释放出水分，吸收热量，因此，入炉生坯的数量和间隙会直接影响烤炉内的温度，进而影响制品的质量。面点生坯在烤炉内摆放的间隙原则是：既不能过稀，又不能过密。过稀，不利于热能的充分利用；过密，会影响面点生坯的胀发，甚至造成生坯相互粘连，影响面点形状。同时，生坯进炉时应摆放整齐，疏密一致，否则会影响炉温平衡，导致面点生熟不一，甚至个别生坯会焦煳板结，严重影响制品质量。生坯摆放的数量以满盘为宜，如果盘未装满，空缺比较大的地方由于没有吸收热量的物料，热能就会由此向周围扩散，导致靠近的制品被烤煳。解决这个问题的办法是，用纸制成条，浸水后搁在烤盘的空隙处，使其吸收热量，产生蒸汽，起到平衡温度的作用。

6. 其他要点

面点生坯入炉顺序一般应遵循先进先出的原则。生坯入炉后，在未烤熟前，不宜挪动，如果非移动不可，动作要轻，以免影响制品的质量。

3.3.3 造型生物膨松制品熟制的技术关键

造型生物膨松制品的主要成熟方法是蒸，蒸制的技术关键同“3.3.1 物理膨松制品蒸制的技术关键”。

技能训练 1 蒸蛋糕

1. 原料配方

鸡蛋2个，白糖30克，低筋面粉40克，色拉油15克，牛奶15克。

2. 制作过程

1）将鸡蛋打入大碗内，用手持打蛋器搅打均匀，分3次加入白糖，搅打至泛白并呈稠厚乳沫状。

2）将低筋面粉过筛，倒入大碗中，轻轻拌匀，加入色拉油和牛奶，再次搅拌均匀成蛋糕糊。

3）将蛋糕糊装入硅胶模具内，装八分满。

4）将模具放入旺火沸水蒸笼中，蒸11分钟。

3. 操作关键

1）鸡蛋要搅打至膨松。

2）加入面粉后要轻轻搅拌至没有颗粒。

3）旺火沸水蒸制要透。

4. 质量标准

色泽浅黄，口感松软。

技能训练 2 海绵蛋糕

1. 原料配方

鸡蛋500克，白糖250克，低筋面粉250克，色拉油50

克，脱脂牛奶50克。

2. 制作过程

1）预热烤箱至180℃，或上火180℃、下火165℃，备用。

2）将鸡蛋打入搅拌桶内，加入白糖，用搅拌机搅打至泛白并呈稠厚乳沫状。

3）将低筋面粉过筛，轻轻地倒入搅拌桶中，并加入色拉油和脱脂牛奶，搅拌均匀成蛋糕糊。

4）将蛋糕糊装入垫好烘焙纸的烤模内，抹平表面，放进烤箱烘烤。

5）烤约30分钟，待蛋糕完全熟透后取出，趁热覆在案板上，冷却后即可。

3. 质量标准

色泽金黄，口感松软。

技能训练3　戚风蛋糕

1. 原料配方

鸡蛋500克，白糖300克，盐5克，低筋面粉200克，发酵粉5克，脱脂牛奶100克，色拉油75克。

2. 制作过程

1）预热烤箱至170℃，或上火175℃、下火160℃，在烤盘上铺上烘焙纸，再放好烤模备用。

2）将鸡蛋分成蛋黄、蛋白备用。

3）在搅拌桶内倒入蛋黄、盐及一半的白糖，用搅拌机搅打至稠厚并泛白，再依次加入低筋面粉、发酵粉、脱脂牛奶、色拉油，全部拌匀拌透。

4）将蛋白和另一半白糖放入另一个搅拌桶内，用搅拌机搅打成软性泡沫状，拌入蛋黄混合物至均匀，装入备好的烤模内，并顺势抹平表面，放进烤箱烘烤。

5）烤约40分钟，至蛋糕完全熟透后取出，趁热覆在案板上，冷却后即可。

3. 质量标准

色泽金黄，口感细腻。

技能训练4　天使蛋糕

1. 原料配方

蛋白4个（约160克），白糖100克，低筋面粉50克，玉米淀粉15克，柠檬汁（或白醋）4滴，盐1克，朗姆酒5毫升，黄油15克，糖粉10克。

2. 制作过程

1）烤箱180℃预热5分钟。将低筋面粉和玉米淀粉混合均匀后过筛。

2）蛋白加盐、柠檬汁，用电动打蛋器打出大泡后，分3次加入白糖打成湿性发泡（即用刮刀挑起蛋白糊，呈倒三角状且不滴落），再加入朗姆酒打均匀。

3）将过筛好的面粉和淀粉混合物切拌入蛋白糊中，加熔化的黄油，用电动打蛋器稍稍打匀。

4）将打匀的面糊一勺勺舀进模具中，抹平，颠一颠让面糊和模具服帖，再放入已预热的烤箱下部烘烤20分钟。用牙签插入沾不到蛋糕液即为成熟。

5）将模具取出后倒扣，待放凉后再将蛋糕脱模，食用前，均匀地撒上糖粉。

3. 质量标准

色泽浅黄，口感绵柔。

技能训练5　寿桃包

1. 原料配方

中筋面粉300克，酵母4克，泡打粉4克，白糖4克，温水160毫升，大红枣750克，冷水400毫升，熟猪油50克，红色素0.1克，绿色素0.1克。

2. 制作过程

（1）馅心调制

1）将大红枣洗净，切开去核留枣肉。

2）将枣肉倒入锅中，加冷水，开火煮。

3）煮的过程中用打蛋器不断搅拌，使枣肉均匀地和水融合在一起。

4）煮至枣肉成泥糊状，水分收干一些时关火，晾凉。

5）将晾凉的枣肉用滤网过滤出细腻的枣泥。

6）炒锅上火，放入熟猪油烧热，再将过滤出的枣泥放入炒锅中，小火慢慢加热，同时不断翻炒，炒至枣泥中的水分收干，枣泥馅变硬即可。

7）关火后仍要不停翻炒一会，使热气尽快散去，即成硬枣泥馅。

（2）面坯调制

1）将面粉倒在案板上与泡打粉拌匀，中间扒一个小窝，放入酵母、白糖，再放入温水调成面坯，揉匀揉透。

2）用干净的湿布盖好醒15分钟。

（3）生坯成型

1）将发好的面坯揉匀揉光，取40克面坯做叶柄用。其余面坯搓成长条，摘成30个面剂。

2）用手掌将面剂按扁，擀成7厘米直径，中间厚、周边薄的圆皮。

3）每个剂子包入10克枣泥馅心，捏紧收口向下放，上端搓出一个桃尖略向一边倾斜，再用刀背在桃身至桃尖处压出一道凹槽，然后用面坯制成两片叶子和叶柄装上即成生坯。

4）放入刷过油的蒸笼中，醒20分钟。

（4）生坯熟制

1）将装有生坯的蒸笼放在蒸锅上蒸8分钟，待面皮不粘手、有光泽、按一下能弹回即可出笼。

2）分别将色素溶于少量水中，搅拌均匀，再用牙刷沾上色素溶液，将桃尖染成淡红色，桃叶染成淡绿色即可，装盘。

3. 操作关键

1）面坯按原料配方准确称量，采用温水调制面坯的方法调制。

2）选择质量好、硬度较大的枣泥馅，便于生坯的成型操作。

3）面坯较硬，要揉匀揉透，盖上湿布醒15分钟。

4）坯剂的大小要准确，坯皮的收口一定要放在底部。

5）表皮要光滑，桃身造型要捏得瘦高一些，生坯整体呈桃形。

6）蒸制时要旺火足汽，蒸制时间不宜太长或太短。

4. 质量标准

身白叶绿，桃尖红润，仙桃成形，饱满柔软。

复习思考题

1. 面坯膨松必须具备的条件有哪些？
2. 简述面肥发酵面坯的兑碱技术。
3. 简述酵母调制面坯的操作关键。
4. 简述物理膨松面坯的概念。
5. 物理膨松制品蒸制技术关键有哪些？

项目 4

层酥面品种制作

- 层酥面品种制作
  - 面坯调制
    - 层酥面坯的分类
    - 层酥面坯的构成及比例关系
      - 层酥面坯的构成
      - 层酥面坯的比例关系
    - 层酥面坯分层起酥的原理
    - 擘酥面坯的调制方法及技术要求
      - 擘酥面坯的调制方法
      - 擘酥面坯的技术要求
  - 生坯成型
    - 开酥的方法和要点
      - 开酥的基本方法
      - 开酥的要点
    - 层酥面坯的分类
      - 根据操作时的手法分类
      - 根据成品表现形式分类
  - 产品成熟
    - 明酥类制品烤制的技术关键
    - 明酥类制品炸制的技术关键
    - 明酥类制品烙制的技术关键
      - 干烙
      - 刷油烙
      - 加水烙
    - 技能训练1 小包酥——黄桥烧饼
    - 技能训练2 大包酥——荷花酥
    - 技能训练3 叠酥——海棠酥
    - 技能训练4 擘酥——千层酥角
    - 技能训练5 擘酥——酥皮蛋挞
    - 技能训练6 擘酥——蝴蝶酥
    - 技能训练7 直酥——橄榄酥
    - 技能训练8 直酥——三角酥
    - 技能训练9 直酥——萱花酥
    - 技能训练10 圆酥——盒子酥
    - 技能训练11 圆酥——眉毛酥
    - 技能训练12 圆酥——鸳鸯酥盒

层酥是用水油面坯包入干油酥面坯，经过开酥、包馅、成型等过程制成的酥类制品。成品成熟后，有明显的层次，标准要求是层层如纸，口感酥脆。如北京的“如意酥”、山东的“千层酥”、河北的“油酥烧饼”、江苏的“黄桥烧饼”都是层酥的代表品种。

4.1 面坯调制

4.1.1 层酥面坯的分类

层酥面坯由水油面坯、干油酥面坯组合而成，按面皮用料的不同，一般分为水油皮酥、糖油皮酥、酵面皮酥、蛋面皮酥4种。

（1）水油皮酥　以水油面为皮、干油酥为心制作而成。水油面以30℃左右的温水加油脂调制而成，干油酥以面粉加油脂擦制而成。此种皮最为常见，是酥皮中最为重要的面皮，常用于花色酥点的制作。

（2）糖油皮酥　以糖油面为皮、干油酥为心制作而成。糖油面以面粉、饴糖、油脂、水调制而成，干油酥以面粉加油脂擦制而成。代表品种有苏式月饼。

（3）酵面皮酥　以发酵面或烫酵面为皮，干油酥、糖油酥或咸油酥为心，经包酥或抹酥制作而成。代表品种有上海传统点心蟹壳黄。

（4）蛋面皮酥　以蛋面为皮、干油酥为心制作而成。蛋面皮以面粉、黄油、鸡蛋液、白糖、清水调制而成，干油酥以面粉、熟猪油或黄油擦制而成，也可直接用片状酥油作为心。多通过擘酥的起酥方法制成酥皮，常用于广式面皮的制作，代表品种有千层酥角。

4.1.2 层酥面坯的构成及比例关系

1. 层酥面坯的构成

层酥面坯由一块水油面坯，一块干油酥面坯制作而成。水油面坯由面粉加油、水调制而成；干油酥面坯是用面粉和油拌匀擦制而成。

2. 层酥面坯的比例关系

水油面坯具体做法是：面粉500克、油100克、水175~200克，先将面粉倒入案板或盆中，中间扒个小窝，加水和油，用手搅动水和油带动部分面粉，达到水油溶解后，再拌入所有面粉调制，反复揉搓均匀后，盖上湿布醒15分钟，再次揉透待用。干油酥面坯的具体做法是：面粉500克、油约250克，先把面粉放在案板或盆中，中间扒个小窝，把油倒入搅拌均匀，反复擦匀擦透即可使用。水油面与干油酥的比例通常为6∶4或5∶5。

4.1.3　层酥面坯分层起酥的原理

层酥需用水油面坯做皮，干油酥面坯做馅才能做好层酥点心。这是因为若仅用干油酥面坯做酥点，虽然可以起酥，但面质过软，缺乏筋力和韧性，即使勉强成型，在加热制熟过程中也会遇热而散碎。为了保证酥点酥松，又要成型完整，就不能用干油酥面坯来做皮，要用有一定筋力和韧性的面坯来做皮坯料。用水调面坯做皮虽然成型效果好，但影响点心酥性。最好的选择是用水油面坯做皮坯料，干油酥面坯做馅。这样皮和馅心密切结合，水油酥包住干油酥，经过折叠、擀压，使水油酥与干油酥层层间隔，既有联系，又不粘连，既能使面坯具有良好的造型和包捏性能，又能使熟制后的成品具有良好的膨松起酥性，并形成层次而不散碎。

4.1.4　擘酥面坯的调制方法及技术要求

擘酥，指的是广式面点最常用的一种油酥面坯，由凝结猪油或黄油掺面粉调制的干油酥和水、糖、蛋等拌和面粉调制的水面（或水蛋面）组成，其比例常为3∶7。

1. 擘酥面坯的调制方法

（1）调制干油酥　先熬炼猪油，然后冷却至凝结，再掺入少量面粉（每500克凝结猪油掺面粉200克左右），搓揉均匀，压成块，置于冰箱内冷冻1~3小时至油脂发硬成为硬中带软的板块状，即为干油酥。

（2）调制水油面　水油面做法与冷水面坯相同，但加料较多，如鸡蛋、白糖。一般500克面粉加鸡蛋100克，白糖35克，清水225毫升，拌和后用力揉搓至面坯光滑上劲为止，同样也放入冰箱冷冻。

（3）起酥　擘酥面坯采用叠的起酥方法。先取出冻硬的干油酥，平放在案板上，用走槌擀压成适当厚薄的矩形；再取出水油面，擀压成与干油酥同宽，长度为干油酥两倍的矩形；然后将干油酥叠在水油面上，用水油面将干油酥包好，用走槌擀压，折叠3次（每次折成4折）；最后擀制成矩形块，置于冰箱内冷冻半小时即可。临用时，取出下剂，制成各种坯皮。

2. 擘酥面坯的技术要求

1）制作干油酥的面粉宜选用低筋面粉（也有用蒸熟的面粉），起酥效果好。

2）水油面必须正确掌握水、蛋、糖、面的配料比例，并且要揉匀揉光。

3）起酥前，干油酥和水油面分别冷冻一下；起酥时，每次都要叠齐擀匀。

4）也可以采用开酥机起酥，擀压要轻而匀，干油酥和水油面的软硬应当一致，否则易分层开裂。

4.2 生坯成型

层酥的生坯成型主要是开酥，开酥又称破酥、起酥等，就是将干油酥包入水油面中，经反复擀薄叠起，形成层次，制成层酥的过程。

4.2.1 开酥的方法和要点

1. 开酥的基本方法

开酥基本的方法有两种：卷筒酥和叠酥。其他起酥方法都是在这两种方法的基础上变化而来的。

（1）卷筒酥　将水油面按成中间厚边缘薄的圆皮，包上干油酥，收紧接口后按扁擀成长方形薄片，折叠3折，再擀成长方形薄片，卷成筒状，接着沿接口的边缘刷上蛋液，粘牢接缝处即成卷筒酥。沿圆柱的截面切成圆片，将圆片上的螺旋纹当作制品表面就是圆酥制品；将圆柱切成段，再沿圆段的直径一剖为二，将剖面上的直纹当作制品表面就是直酥制品；将圆柱用手摘成段，圆段横放在案板上，从侧面将其压扁包馅成型，可制作暗酥制品；将圆柱切成段，立在案板上，由上向下以45度角将其压扁，包馅成型，可制作半暗酥制品。

（2）叠酥　将水油面按压成中间厚边缘薄的圆皮，包上干油酥，收紧接口后按扁擀成长方形薄片，折叠3折，再擀成长方形薄片，接着再叠一次后擀成长方形酥皮即成叠酥。根据需要将叠酥酥皮改刀成正方形酥皮或用圆套模刻出圆形酥皮，然后包馅成型，可以制作出明酥、暗酥、半暗酥制品。如果将叠酥酥皮擀薄、改刀、叠起达到一定高度后，再改刀，并将酥坯侧面的众多规则纹路当作制品的表面，经过包馅、成型制作明酥，即成排丝酥制品。

2. 开酥的要点

1）包酥的比例要得当。不同制品的要求不一样，一般情况下水油面与干油酥之比为6:4、5:5或4:6。

2）水油面与干油酥的硬度要一致，否则易破皮或露酥。

3）操作方法要恰当。擀、卷、叠的操作技法正确，才能使酥层厚薄均匀。

4.2.2 层酥面坯的分类

1. 根据操作时的手法分类

层酥类面点根据操作时的手法具体分为大包酥和小包酥。

（1）大包酥　大包酥即用一整块面皮包一整块酥面，经开酥后，可以一次性制作几十个制品。特点是效率高，但酥层不够清晰，易破皮，常用于大批量月饼的制作。注意擀制要均匀，少用生粉，要卷紧，要盖上湿布等，每个环节都要掌握好，这样才能制出好的制品来。

（2）小包酥　小包酥即用一小块面皮包一小块酥面，一次只擀制少量的坯皮（最多4张）。先将酥面包入面皮内，擀长、卷起，再顺长折叠三层（或是卷起），然后按需要制作出所需坯皮。其速度慢，效率低，但擀制方便，层次清晰。

2. 根据成品表现形式分类

加工层酥类面点制品还分为明酥、暗酥、半明半暗酥三种。

（1）明酥　明酥就是酥层在表面，清晰可见，如兰花酥、荷花酥等。明酥又分为圆酥、直酥（排酥）。

1）圆酥是将起酥后的坯皮（面皮包入酥面，擀开折叠三层，再擀开）卷成圆筒形，用快刀由右端切下所需厚薄的剂子，将切面向上，用擀面杖由内至外（或是由外至内）擀成圆形皮，再将被擀的一面朝外进行包馅成型，最终使被擀一面的圆形酥层显在外面，如盒子酥、眉毛酥等。

2）直酥是将起酥后的坯皮卷成圆筒形后，用快刀由右端切下长段，再顺长一切为二，分成两个半圆形长段的坯子，然后将切面朝向案板，擀成圆形皮，包入馅心，使直线酥纹显在外面，如三角酥、橄榄酥等。

（2）暗酥　暗酥就是酥层在里边，表面见不到，切开时才能见到。卷筒酥、叠酥的开酥方法皆可用于暗酥制作，如双麻酥饼、黄桥烧饼等。

（3）半明半暗酥　半明半暗酥就是部分层次在表面可见。将起酥后的坯皮卷成圆筒形，由右侧切下一段，将切面朝向两侧，在光面沿45度角斜切，切面向下，轻轻擀开，包馅即可，如蛤蟆酥、蟠桃酥等。

4.3 产品成熟

层酥类制品的最后一个环节是成熟，只有熟练掌握成熟的操作要领，才会充分展示制品的特色。层酥类制品的成熟方法通常有三种，即烤制、炸制和烙制。

4.3.1 明酥类制品烤制的技术关键

烤又叫烘、炕，即利用烘烤炉内的高温把制品加热烤熟。目前使用的烤炉式样较多，有电动旋转炉、红外线辐射炉、微波炉等。烤制适用于各种膨松面、油酥面等制品。

烤制明酥类制品的具体方法是：将烤盘擦净，抹上一层油，然后将制品生坯整齐摆入烤盘内；把烤箱内部温度调节好后将烤盘连同生坯放入烤箱内，根据制品所需烤制时间，准时出炉。为了制品分层清晰，烤制温度由低到高，通常在150~180℃的范围内。明酥制品先分层后成熟定型。

为了准确掌握烤制程度，制品烤制到一定时间，要注意观察其外表，检查制品成熟与否，检查时可用一根小竹扦插入制品中，拔出后竹扦上没有黏着的糊状物为成熟。

4.3.2 明酥类制品炸制的技术关键

炸制通常适用于明酥类制品及一些成熟后能“开花”显现层次的暗酥类制品。这类制品比烘烤类制品的制作难度高，要求制品成熟后酥层清晰，因此油炸过程很重要。

炸制明酥类制品的具体方法是：将油锅升到三四成油温，投入生坯，待油锅内有大量气泡翻出时，离火或转小火，用温油焐一下，待酥层散开，再放到大火上，炸至制品色白、酥层内油外溢，制品松脆时，捞出沥油即可。

在炸制过程中如何检测油温呢？一方面我们可以借助烹饪专用温度计来检测，这样检测的温度更加精确。还可以通过观察油锅内制品周围气泡的大小来判断油锅内温度的变化。准备一小块水油面（用来测试油温），然后起灶升温，若小面坯投入锅中3秒钟之内，表面有均匀细小的气泡吸附，表示温度正好，此时可投入生坯。

4.3.3 明酥类制品烙制的技术关键

烙制是指把成型的生坯摆放在平锅中，架在炉火上，通过金属传热的熟制法。烙制法适用于水调面坯、发酵面坯、米粉面坯、粉浆面坯等制品。烙可分为干烙、刷油烙和加水烙3种。

1. 干烙

制品表面和锅底不刷油，也不洒水，直接将制品入平锅内烙，叫作干烙。干烙制品一般在制品成型时加入油、盐等（但也有不加的，如发面饼等）。

2. 刷油烙

刷油烙的方法和要点均与干烙相同，只是在烙的过程中在锅底或制品表面刷少许油（数量比油煎法少），每翻面一次就刷一次。

3. 加水烙

加水烙是利用金属和蒸汽联合传热的熟制法，做法和水油煎法相似，风味也大致相同。但水油煎法是在油煎后洒水焖熟，加水烙是在干烙以后洒水焖熟。加水烙在洒水前的做法和干烙完全一样，但只烙一面，即把一面烙成焦黄色即可。

烙制成熟的技术关键如下。

（1）烙锅必须干净　无论采用哪种烙制方法，都必须将烙锅洗刷干净，这直接影响到成品的色泽和质量。

（2）火力要均匀　烙制面点采用电炉或煤气炉较好，因其炉火均匀，锅的四周与中心温度相近，烙制出的面点色泽均匀。如果炉火不均匀，需经常移动制品位置和锅位，并要勤翻动制品，使其两面受热均匀，成熟一致。

（3）选用优质油　烙油宜选用熟的清洁油，若油质不够清洁，油内的杂质会影响制品的成熟和外表色泽；生油会有异味。

（4）明酥类点心采用刷油烙　刚开始烙制时，在平锅内刷一层油，火力由低到高，有利于制品分层，最后升高温度主要是为了制品定型、上色和成熟。

技能训练1　小包酥——黄桥烧饼

1. 原料配方（以15个计）

（1）坯料

1）葱油酥：面粉150克，熟猪油75克，葱末35克，盐5克。

2）烫酵面：面粉300克，热水（80℃）120毫升，面肥50克，碱水6毫升。

（2）馅料　瘦火腿150克，猪板油120克，葱50克，味精3克。

（3）辅料　饴糖25毫升，冷水15毫升。

（4）**饰料** 脱壳白芝麻100克。

2. 制作过程

（1）**馅心调制** 将瘦火腿煮熟切细丁；猪板油去膜切成细丁；葱洗净切成细末；将加工好的火腿丁、猪板油丁、葱末加味精拌成馅。

（2）**面坯调制**

1）葱油酥调制。将面粉放在案板上，加入熟猪油擦成油酥面，再加入葱末、盐拌和均匀摘成15个葱油酥面坯。

2）烫酵面调制。将面粉放在案板上，扒一个小窝，加上热水烫制，用馅挑搅拌成雪花状，待晾凉后，加入面肥揉匀揉透，醒1小时后，揉入碱水，稍醒。

（3）**生坯成型** 将烫酵面揉匀，搓条并摘成15个面剂；逐个将面剂包上葱油酥，收口向上，擀成20厘米长、7厘米宽的面皮，左右对折后再擀成25厘米长的面皮，然后由前向后卷成圆柱体，切成15个面坯，用手掌逐个将坯子侧面按扁，擀成直径6厘米的圆形面皮。将面皮放在左手掌心，放上馅心，收口朝下，擀成椭圆形、中间低两头高的小饼，表面刷上饴糖水，粘上白芝麻即成生坯。

（4）**生坯熟制** 将生坯装入烤盘，送进面火200℃、底火220℃的烤箱中烤约10分钟，烤至金黄色即可出炉装盘。

3. 操作关键

1）按原料配方准确称量投料。

2）馅料要求加工得细小些，火腿切细丁、葱切细末；猪板油要先去膜再切丁。

3）葱油酥面坯要擦透；烫酵面要烫制均匀，去掉热气后再拌入面肥，揉均匀。

4）坯剂的大小、厚度要恰当；成型时生坯表面不能露出酥层。

5）生坯呈椭圆形，要做到中间低两头高，大小一致。

6）烤箱要事先预热；烤制中途可喷水，增加湿度。

7）制品要烤至金黄色。

4. 质量标准

色泽金黄，椭圆饼形，香咸油润，口感酥香。

技能训练 2 大包酥——荷花酥

1. 原料配方（以15个计）

（1）坯料

1）干油酥：低筋面粉150克，熟猪油75克。

2）水油面：中筋面粉150克，温水75毫升，熟猪油35克。

（2）馅料　硬豆沙馅100克。

（3）辅料　蛋清1个，熟猪油1千克（实耗约50克）。

2. 制作过程

（1）面坯调制

1）干油酥调制。将面粉放在案板上，加入熟猪油，拌匀擦成干油酥。

2）水油面调制。将面粉放在案板上，扒一个小窝，加上温水、熟猪油揉擦成水油面。

（2）生坯成型　将水油面按成中间厚周边薄的皮，包入干油酥，收口向上，擀成长方形面皮，叠成3折。如此重复，再叠一次3折、一次对折，擀成0.8厘米厚的长方形酥皮；用5厘米直径的圆模子将酥皮刻成15张圆形酥皮，将酥皮边缘按薄，四周涂上蛋清，中间放上馅料，将四周向中心拢起，收口成球形；收口处抹上蛋清，并向下放置，用美工刀将球形表面平均划成六瓣（深至馅心），用手掌根部将面坯下部略搓紧，使其酥层略外露即成生坯。

（3）生坯熟制　将油锅加热至90℃，下入生坯，稍静置后逐渐升温至120℃，将生坯炸至花瓣展开、酥层清晰、色呈白色即可出锅。

3. 操作关键

1）按原料配方准确称量投料。

2）选择硬度较大的豆沙馅，便于生坯的成型操作。

3）干油酥要擦透；水油面要揉擦上劲。

4）坯剂的大小、厚度要恰当。

5）用快刀划割生坯，这样纹路清晰，无毛边。

6）生坯要用90~120℃油温炸制，并且炸制时要不断翻面，使之受热均匀。

4. 质量标准

色泽洁白，形似荷花，酥层清晰，口感酥脆。

技能训练3　叠酥——海棠酥

1. 原料配方

（1）坯料

1）干油酥：中筋面粉150克，熟猪油75克。

2）水油面：中筋面粉200克，温水100毫升，熟猪油20克。

（2）馅料　莲蓉馅100克。

（3）辅料　鸡蛋1个，红樱桃10颗，色拉油2千克（实耗约50毫升）。

2. 制作过程

（1）面坯调制

1）干油酥调制。将面粉放在案板上，扒一小窝，加入熟猪油，擦匀搓透，硬度适中。

2）水油面调制。将面粉放在案板上，扒一小窝，放入熟猪油，加少量温水把熟猪油捏溶化，加剩余温水调和均匀，揉匀搓透成团，静置醒10分钟。

（2）生坯成型 将水油面压扁，擀成长方形薄片，干油酥擀成水油面一半大小的片状，放在水油面上；然后将没有干油酥的另一半水油面覆盖在干油酥上面，捏紧边沿，擀成长方形；折3折，擀成长方形薄片后再折3折擀平，最后用圆模压成圆片。将圆片表面涂上蛋液，将馅料放入中间，圆片五等份向上捏拢，成5个对边角，用锋利的剪刀将每条边先剪平，再在每条边上剪一刀（宽度一致），将每条边向中间弯曲，涂上蛋液，酥层向上，然后在每条边上剪两刀（第一刀斜45度角，第二刀90度垂直），将底边和底座剪成斜角，即成海棠酥生坯。

（3）生坯熟制 油锅上火，放入色拉油升温到120℃，改小火，放入生坯炸制，炸至生坯酥层散开后捞出沥油，即为成品。

（4）装饰 在每只海棠酥中心放小半粒红樱桃即可。

3. 操作关键

1）干油酥擦透，夏天熟猪油用量可以适当减少。

2）水油面用水量要根据面粉的不同灵活调整，水油面揉匀揉透。

3）生坯成型时，擀制时要用力均匀，酥层才会清晰。

4）馅心不宜太多，否则容易漏馅。

5）剪刀剪花瓣时要注意角度，使花瓣不下垂。

6）注意炸制的温度和时间。

4. 质量标准

层次清晰，形似海棠，酥香可口，入口即化。

技能训练 4 擘酥——千层酥角

1. 原料配方

（1）坯料

1）水油面：面粉150克，蛋液50毫升，黄油25克，白糖15克，温水35毫升。

2）干油酥：面粉150克，黄油100克。

（2）馅料 牛肉泥150克，鸡蛋2个，咖喱粉15克，洋葱末25克，盐3克，味精2克。

2. 制作过程

（1）馅心调制 将牛肉泥放入盆中，加入鸡蛋、咖喱粉、洋葱末、盐和味精搅拌上劲，做成馅心。

（2）面坯调制

1）水油面调制。将面粉放在案板上扒一个小窝，加入蛋液、白糖、黄油、温水调成硬度适中的水油面，醒5分钟。

2）干油酥调制。将面粉放在案板上与黄油拌在一起，用手掌根部擦成干油酥，按压成方形块，放入冰箱冻成一定硬度。

（3）生坯成型 将水油面擀成与干油酥同宽，长度为干油酥双倍的面皮，再将干油酥放在水油面皮的一端，盖上另一半水油面皮，将上下的边捏拢后封好口，用擀面杖将干油酥敲软，擀成长方形薄片，由两头向中间叠成4折，擀开后再叠一次4折，稍擀薄，按十字形改成4块，排叠在一起，擀平整后入冰箱冻硬。

酥皮冻硬后取出，用刀沿截面斜批成薄片，沿着纹路擀开，用圆形模具刻成圆皮，放入馅心，两边对折合起捏紧就可以了。

（4）生坯熟制 放入烤盘，刷上蛋液，入烤箱185℃烤25分钟左右。

3. 操作关键

1）按原料配方准确称量投料。

2）馅料要加工得细小一些，搅拌上劲，便于生坯的成型操作。

3）干油酥要擦透，按成型后放入冰箱略冻硬；水油面要揉擦上劲，稍醒。

4）水油面的软硬度要和干油酥保持一致，否则会层次不清。

5）坯剂的大小、厚度要恰当。

6）擀皮时要注意保持纹路的规则。

7）刷蛋液的时候只刷表皮，不要刷到酥层。

8）烤箱上下火烤制。

4. 质量标准

色泽洁白，形呈月牙，酥层清晰，酥香味美。

技能训练5 擘酥——酥皮蛋挞

1. 原料配方

（1）坯料

1）水油面：面粉150克，熟猪油25克，蛋液50毫升，绵白糖10克，冷水25毫升。

2）干油酥：面粉150克，黄油50克，熟猪油75克。

（2）馅料 蛋液150毫升，冷水110毫升，白糖75克，吉士粉5克。

（3）辅料 色拉油25毫升。

2. 制作过程

（1）馅心调制 将蛋液打匀，与冷水、白糖、吉士粉调匀，过筛后成蛋挞水备用。

（2）面坯调制

1）水油面调制。将面粉放案板上，扒一个窝，加入熟猪油、蛋液、绵白糖、冷水调成水油面，稍醒。

2）干油酥调制。把面粉放案板上，扒一个窝，加入熟猪油、黄油，用手掌根部擦成干油酥，按成方块，放入冰箱略冻。

（3）生坯成型 将水油面擀成与干油酥同宽，双倍长的面皮，再将干油酥放在水油面皮的一端，盖上另一半水油面皮，将上下的边捏拢后封好口，用擀面杖将干油酥敲软，擀成长方形薄片，由两头向中间叠成4折，擀开后再叠一次对折，擀成正方形薄皮，用菊花套模刻出圆皮。

在菊花盏中抹上油，放入一块圆皮，用双手拇指将圆皮的底部按薄，使圆皮边与盏口齐平，放入烤盘，加入蛋挞水至盏八成满即成生坯。

（4）生坯熟制 将烤盘放入面火150℃、底火250℃的烤箱烤制12分钟，待馅心饱满、酥皮金黄即可取出，装盘。

3. 操作关键

1）按原料配方准确称量投料。

2）蛋挞水打匀后一定要过滤，没有杂质。

3）干油酥要擦透；水油面要揉擦上劲。

4）坯剂的厚薄要均匀。

5）按照要求开酥，这样制品才能酥层清晰。

6）烤制时底火略高，面火略低，保证传热均匀。

4. 质量标准

色泽金黄，菊花盏状，外皮酥脆，馅嫩香甜。

技能训练6 擘酥——蝴蝶酥

1. 原料配方（以20个计）

（1）坯料

1）水油面：面粉220克，黄油35克，细砂糖5克，盐1克，冷水75毫升。

2）干油酥：黄油180克（裹入用）。

（2）辅料 粗粒白砂糖50克。

2. 制作过程

（1）面坯调制 将面粉放在案板上，扒一个窝，加入细砂糖、盐混合，再加入软化的黄油拌匀，倒入冷水，揉成面团。用保鲜膜包好，放进冰箱冷藏醒20分钟。

（2）生坯成型 把180克裹入用的黄油切成小片，放入保鲜袋中擀压成片状，放在醒好的面皮上，像叠被子一样折3折，收口，放入保鲜袋里，入冰箱冷藏20分钟后取出，擀成长方形的片状，叠成4折，放入保鲜袋里入冰箱冷藏20分钟，重复3次。将松弛好的面皮擀成0.3厘米左右的厚度，用刀切去不规整的边角，制成长方形的千层酥皮。在千层酥皮上刷一层冷水，两三分钟后在表面撒上一层粗粒白砂糖，把千层酥皮从两边向中心线对着卷起来。用快刀把卷好的千层酥皮切成厚度为0.8~1厘米的小片，排入铺上锡纸的烤盘，在表面再撒上一层粗粒白砂糖。

（3）生坯熟制 烤箱上下火200℃预热，放入生坯烤20分钟左右，烤至金黄色即可。

3. 操作关键

1）按原料配方准确称量投料。

2）水油面的软硬度要和裹入用黄油保持一致，否则会层次不清。

3）调制水油面时，根据各种面粉吸水性的不同，分次加水，揉成光滑的面坯。

4）蝴蝶酥的大小根据千层酥皮的大小而定，可以随意调整。

5）卷起时不要过于紧实，不然卷起部分的层次比较难散开。

6）生坯要用快刀切制成型，刀不快时，生坯会被压扁，可以用手轻捏，捏成扁平状。

4. 质量标准

色泽金黄，形呈蝴蝶，酥层清晰，松脆香酥。

技能训练7 直酥——橄榄酥

1. 原料配方（以20只计）

（1）坯料

1）水油面：面粉150克，蛋液50毫升，黄油25克，白糖15克，温水35毫升。

2）干油酥：面粉150克，黄油100克。

（2）馅料 枣泥馅150克。

（3）辅料 蛋清15毫升，色拉油2升（实耗约75毫升）。

2. 制作过程

（1）馅心调制 枣泥馅搓成条，切成大小相同的剂子，逐个搓成橄榄状。

（2）面坯调制

1）水油面调制。将面粉放在案板上，扒一个窝，加入蛋液、白糖、黄油、温水调成硬度适中的面团，醒5分钟。

2）干油酥调制。将面粉放在案板上，与黄油拌在一起，用手掌根部擦成干油酥，按压成方形块，放入冰箱冻成一定硬度。

（3）生坯成型 将水油面擀成与干油酥同宽，双倍长的面皮，再将干油酥放在水油面皮的一端，盖上另一半水油面皮，将上下的边捏拢后封好口，用擀面杖将干油酥敲软，擀成长方形薄片，由两头向中间叠成4折，擀开后再叠一次4折，稍擀薄，按十字形改成4块，排叠在一起，擀平整后入冰箱冻硬。

酥皮生坯冻硬后取出，用刀沿截面斜批成薄片，沿着纹路擀开，用椭圆形模具刻成椭圆形皮，包上馅心，接头处用蛋清粘牢，即成橄榄酥生坯。

（4）生坯熟制 将油锅加热至90℃，下入生坯，稍静置后逐渐升温至120℃，将生坯炸至酥层清晰、色呈白色即可出锅。也可以放入烤盘，入烤炉用上下火200℃烤熟。

3. 操作关键

1）按原料配方准确称量投料。

2）馅料要加工成橄榄形，便于生坯的成型操作。

3）干油酥要擦透，按成型后放入冰箱略冻硬；水油面要揉擦上劲，稍醒。

4）坯剂的大小、厚度要恰当。

5）擀皮时要注意保持纹路的规则。

6）生坯要用90~120℃炸制，并且炸制时要不断翻面，使之受热均匀。

4. 质量标准

色泽洁白，形呈橄榄，酥层清晰，口感酥脆。

技能训练8 直酥——三角酥

1. 原料配方（以15个计）

（1）坯料

1）水油面：面粉150克，蛋液50毫升，黄油25克，白糖15克，温水35毫升。

2）干油酥：面粉150克，黄油100克。

（2）馅料 干贝50克，冬瓜300克，葱段10克，姜片10克，黄酒15毫升，盐3克，味精2克，色拉油25毫升。

（3）饰料 脱壳白芝麻50克。

（4）辅料 蛋清25毫升，色拉油2升（实耗约50毫升）。

2. 制作过程

（1）馅心调制 将干贝加部分葱段、姜片、黄酒上笼蒸熟，冷却后撕成丝；冬瓜去皮、瓤，切片蒸熟，压成泥；锅中加入色拉油，放入余下的葱段和姜片煸出香味后取出，倒入冬瓜泥、盐翻炒至略干，放入干贝丝、味精拌匀成馅，晾凉后稍冻硬。

（2）面坯调制

1）水油面调制。将面粉放在案板上，扒一个窝，加入蛋液、白糖、黄油、温水调成硬度适中的水油面，醒5分钟。

2）干油酥调制。将面粉放在案板上，与黄油拌在一起，用手掌根部擦成干油酥，按压成方形块，放入冰箱冻成一定硬度。

（3）生坯成型 将水油面擀成与干油酥同宽，双倍长的面皮，再将干油酥放在水油面皮的一端，盖上另一半水油面皮，将上下的边捏拢后封好口，用擀面杖将干油酥敲软，擀成长方形薄片，由两头向中间叠成4折，擀开后再叠一次4折，稍擀薄，按十字形改成4块，排叠在一起，擀平整后入冰箱冻硬。

酥皮冻硬后取出，用刀沿截面斜批成薄片，沿着纹路擀开，用圆套模刻成圆皮，涂上蛋清，中间放入馅心，折成三角形并封好口，封口处抹上蛋清，粘上白芝麻即成生坯。

（4）生坯熟制 将油锅加热至90℃，下入生坯，稍静置后逐渐升温至120℃，将生坯炸至酥层清晰、色呈白色即可出锅。也可以放入烤盘，入烤炉用上下火200℃烤熟。

3. 操作关键

1）按原料配方准确称量投料。

2）馅料要加工得细小一些，在锅中煸炒后，调制成稍硬的馅心，便于生坯的成型操作。

3）干油酥要擦透，按压成型后放入冰箱略冻硬；水油面要揉擦上劲，稍醒。

4）坯剂的大小、厚度要恰当。

5）擀皮时要注意保持纹路的规则。

6）生坯要用90~120℃炸制，并且炸制时要不断翻面，使之受热均匀。

4. 质量标准

色泽洁白，形呈三角，酥层清晰，咸鲜油润。

技能训练9　直酥——萱花酥

1. 原料配方

（1）坯料

1）干油酥：中筋面粉200克，熟猪油100克。

2）水油面：中筋面粉200克，温水100毫升，熟猪油20克。

（2）馅料　莲蓉馅150克。

（3）辅料　鸡蛋1个，色拉油2升（实耗约50毫升）。

2. 制作过程

（1）面坯调制

1）干油酥调制。将面粉放在案板上，扒一个窝，加入熟猪油，擦匀搓透，硬度适中。

2）水油面调制。将面粉放在案板上，扒一个窝，放入熟猪油，加少量温水把熟猪油捏溶化，加剩余温水调和均匀，揉匀揉透，静置醒10分钟。

（2）生坯成型　将水油面压扁，擀成长方形薄片，干油酥擀成水油面一半大小的片状，放在水油面的一端，用另一半水油面包住干油酥，边沿捏紧。然后擀成长方形，先3折，擀成长方形后再3折，擀薄后切成6片，上面喷少许水，将6片叠放，压紧，用刀切片。然后用擀面杖擀薄，用圆形模具压出圆皮，涂上蛋液，放上馅心包成球形，搓长压扁成椭圆形萱花酥生坯。

（3）生坯熟制　油锅上火，升温到120℃，改小火，放入生坯炸至有一定的硬度、酥层散开后捞出沥油，即为成品。

3. 操作关键

1）干油酥擦透，夏天用油量可以适当减少。

2）水油面用水量要根据面粉的不同灵活调整，水油面揉匀揉透，手拉出膜。

3）叠酥时一定要喷水，使其粘牢。

4）切片时要厚薄均匀。

5）生坯成型时，擀制时要用力均匀，保持酥层清晰。

6）包馅后，收口捏紧朝下，涂上蛋清。

7）注意炸制的温度和时间。

4. 质量标准

色泽洁白，形呈椭圆，层次清晰，香甜细腻。

技能训练 10　圆酥——盒子酥

1. 原料配方

（1）坯料

1）干油酥：中筋面粉150克，熟猪油75克。

2）水油面：中筋面粉200克，温水100毫升，熟猪油15克。

（2）馅料　莲蓉馅200克。

（3）辅料　鸡蛋1个，色拉油1升（实耗约30毫升）。

2. 制作过程

（1）面坯调制

1）干油酥调制。将面粉放在案板上，扒一个窝，加入熟猪油，擦匀搓透，硬度适中。

2）水油面调制。将面粉放在案板上，扒一个窝，放入熟猪油，加少量温水把猪油捏溶化，加剩余温水调和均匀，揉匀揉透成团，静置醒10分钟。

（2）生坯成型　将水油面压扁，擀成长方形薄片，干油酥擀成水油面一半大小的片状，放在水油面上，用水油面包住干油酥，边沿捏紧。然后擀成长方形，先3折，擀成长方形后再3折，擀薄后从一头卷起成圆柱体，切成圆片。将圆片纹路朝上擀薄成圆皮。取一片圆皮涂上蛋液，将馅放入中间，再覆盖一片面皮，沿周边一圈捏出绳状花纹，成四周薄中间鼓的圆饼生坯。

（3）生坯熟制　油锅上火，升温到120℃，改小火，放入生坯炸至有一定的硬度、酥层散开后捞出沥油，即为成品。

3. 操作关键

1）干油酥擦透，夏天用油量可以适当减少。

2）水油面用水量要根据面粉的不同灵活调整，水油面揉匀揉透。

3）生坯成型时，擀制时要用力均匀，保持酥层清晰。

4）卷制酥皮时要卷紧，少用干粉。

5）注意炸制的温度和时间。

4. 质量标准

造型精致美观，层次分明，油而不腻，酥松香甜。

技能训练 11　圆酥——眉毛酥

1. 原料配方（以 20 个计）

（1）坯料

1）干油酥：低筋面粉150克，熟猪油75克。

2）水油面：中筋面粉150克，温水75毫升，熟猪油35克。

（2）馅料　熟火腿末150克，猪板油蓉75克，葱末50克，芝麻油25毫升，味精3克。

（3）辅料　鸡蛋1个，色拉油2升（实耗约50毫升）。

2. 制作过程

（1）馅心调制　将熟火腿末、猪板油蓉、葱末、芝麻油、味精拌和均匀成馅。

（2）面坯调制

1）干油酥调制。将面粉放在案板上，扒一个窝，加入熟猪油，擦成干油酥。

2）水油面调制。将面粉放在案板上，扒一个窝，加温水、熟猪油揉擦成水油面。

（3）生坯成型　将水油面按压成中间厚周边薄的皮，包入干油酥，收口向上，擀成长方形面皮，叠成3折，再擀成1毫米厚的长方形面皮，将一条长边修齐，卷起成4.5厘米直径的圆柱体。用刀沿截面横切成1厘米厚的圆坯20个。

逐个将圆坯有纹路的面朝上擀成椭圆形薄皮，一面抹上蛋液，放上馅心，顺长对折成半圆形，将一头折进去一小部分，另一头捏尖，将边沿对齐，捏紧捏薄。从粗头至尖头，在弧形部位捏出绳状花边，形成一头圆、一头尖，形似眉毛的生坯。

（4）生坯熟制　将油锅加热至90℃，下入生坯，稍静置后逐渐升温至150℃，待酥层清晰后将生坯炸至淡黄色即出锅沥油装盘。

3. 操作关键

1）按原料配方准确称量投料。

2）馅料要求加工得细小些，火腿、葱切末，猪板油要先去膜再切蓉。

3）干油酥要擦透，水油面要揉擦上劲。

4）坯剂的大小、厚度要恰当。

5）成品一头粗一头细，形似人的眉毛，故取名“眉毛酥”。

6）生坯要用低温油养制，中温油炸制，并且炸制时要不断翻面，使之受热均匀。

4. 质量标准

色泽淡黄，酥层清晰，呈眉毛形，咸香味鲜。

技能训练 12　圆酥——鸳鸯酥盒

1. 原料配方（以 15 个计）

（1）坯料

1）干油酥：低筋面粉150克，熟猪油75克。

2）水油面：中筋面粉150克，温水75毫升，熟猪油15克。

（2）馅料　硬枣泥馅150克，硬豆沙馅150克。

（3）辅料　鸡蛋1个，色拉油2升（实耗50毫升）。

2. 制作过程

（1）面坯调制

1）干油酥调制。将面粉放在案板上，扒一个窝，加入熟猪油拌匀，用手掌根部擦成干油酥。

2）水油面调制。将面粉放在案板上，扒一个窝，加温水、熟猪油和成水油面，揉匀揉透后醒15分钟。

（2）生坯成型　将水油面按压成中间厚周边薄的皮，包入干油酥，收口向上，擀成长方形面皮，叠3折，再擀成1毫米厚的长方形面皮，将一条长边修齐，卷起成4.5厘米直径的圆柱体。用刀沿截面横切成0.8厘米厚的圆坯30片。

取两片圆坯，将每一片有纹路的面朝上擀成椭圆形薄皮，一面刷上蛋液，两片坯皮分别放上豆沙馅、枣泥馅，顺长对折成半圆形，将一头捏粗、另一头提尖，将两只的尖端分别压在另一只的粗端上，形成太极图案（接触部分抹上蛋液），边沿对齐捏紧捏薄，捏出绳状花边即成生坯。

（3）生坯熟制　将油锅放油加热至90℃，下入生坯，稍静置后，逐渐升温至120℃，将生坯炸成酥层清晰、色呈淡黄色即可出锅沥油装盘。

3. 操作关键

1）按原料配方准确称量投料。

2）选择质量好的豆沙馅、枣泥馅，硬度稍微大一些，便于生坯的成型操作。

3）干油酥要擦透，水油面要揉搓上劲。

4）坯剂的直径、厚度要恰当。

5）成型时注意面剂的正反面，看清纹路。

6）包馅后，生坯组拼呈太极图案，圆边处要捏出均匀的绳状花边。

7）生坯入锅时油温不宜太高，以90℃为宜。

8）待花纹清晰后逐渐升温至120℃，炸至成品上浮。

4. 质量标准

色泽淡黄，太极图案，层次清晰，香甜细腻。

复习思考题

1. 简述层酥的概念。
2. 简述层酥面坯的分类。
3. 什么是大包酥、小包酥?
4. 什么是明酥、暗酥和半明半暗酥?
5. 简述层酥面坯的构成及比例关系。
6. 简述层酥面坯分层起酥的原理。
7. 简述擘酥的概念。
8. 简述擘酥面坯的调制方法。
9. 简述明酥类制品烤、炸、烙的技术关键。

项目 5

米制品制作

- 米制品制作
  - 面坯调制
    - 黏质糕粉团的掺粉方法
    - 松质糕粉团的掺粉方法
  - 生坯成型
    - 黏质糕生坯工艺和技术要求
    - 松质糕生坯工艺和技术要求
    - 黏质糕类制品熟制的技术关键
    - 松质糕类制品熟制的技术关键
    - 技能训练1　黏质糕粉团——年糕
    - 技能训练2　黏质糕粉团——红糖猪油年糕
    - 技能训练3　黏质糕粉团——八宝年糕
    - 技能训练4　黏质糕粉团——桂花糕
    - 技能训练5　黏质糕粉团——桂花百果蜜糕
    - 技能训练6　松质糕粉团——定胜糕
    - 技能训练7　松质糕粉团——五色圆松
    - 技能训练8　松质糕粉团——赤豆猪油松糕
    - 技能训练9　松质糕粉团——重阳糕

常见米制品有江米条、粽子、元宵、汤圆、重阳糕、发糕、果子、大米蛋糕、大米面包、炸麻球、糯米糍、枣泥拉糕、黄松糕、白糖年糕以及汤团等一切稻米制品。

1. 米粉的种类和特点

米粉按原料可分为籼米粉、粳米粉、糯米粉；按加工方法可分为干磨粉、湿磨粉、水磨粉3种，饮食业多用湿磨粉和水磨粉做精细点心。

（1）籼米粉　籼米是三种稻米中唯一能够发酵的品种，由于其硬度高、胀性大、黏性小、色泽灰白，故一般只可做米饭糕。籼米粉可直接做棉花糕等，但籼米粉大都与其他粉料掺和使用。

（2）粳米粉　粳米有薄稻米、上白粳、中白粳等几种级别。薄稻米现已不常见，上白粳米在色泽、黏性、香味上都较中白粳米好。粳米的黏性不及糯米，所以粳米一般只适合直接制作粢饭糕等，粳米粉主要是和其他米粉掺和后，制作糕团、船点等。

（3）糯米粉　糯米的黏性最大，胀性小，吃口软糯而耐饥。糯米可直接制作八宝饭、粽子等。糯米粉与粳米粉、籼米粉按不同比例掺和，可以做各种糕团。

2. 掺粉与镶粉

掺粉是指将米粉、面粉与杂粮粉等根据具体面点品种的要求，按照一定的比例掺和在一起的过程。镶粉是江苏苏州地区制作糕点的专用术语，是指将糯米粉和粳米粉按照具体面点品种的要求，按一定的比例掺在一起形成的混合粉。因为这两种米粉各有不同的特性，混合在一起后可以取长补短，改善特性。镶粉的种类很多，按照行业术语来分有“一九”“二八”“三七”“四六”“五五”几种，可根据具体情况选配。

1）全糯米粉：主要用于制作百果蜜糕、猪油年糕、油汆团子等，黏性大、韧性足，油汆制品松散，容易胀发。

2）“一九”镶粉：即一成粳米粉、九成糯米粉。此粉黏性大，韧性比全糯米粉稍大，适宜做青团，软韧可口，清香扑鼻。

3）“二八”镶粉：即二成粳米粉、八成糯米粉。此粉黏性较“一九”镶粉稍小、硬性稍强，适宜做大方糕、小方糕、小小方糕等，皮子松软，富有弹性，配以五色馅心，色彩缤纷，十分鲜艳。

4）“三七”镶粉：即三成粳米粉、七成糯米粉。此粉黏性较“二八”镶粉稍小、硬性稍强，适宜做赤豆猪油糕、糖切糕、糖寿桃等，可做多种点心，各有特色。

5）“四六”镶粉：即四成粳米粉、六成糯米粉。此粉黏性较“三七”镶粉稍小、硬性稍强，适宜做玫瑰拉糕、枣泥拉糕等苏式点心。成品蒸后不变形，食时不黏牙。还可做薯桃薄荷糕、番茄莲子糕等夏令佳点。

6）“五五”镶粉：即糯米粉、粳米粉各半，此粉软硬、黏性适中，吃口好，可塑性强，适合制作各种苏式船点。

（1）掺粉与镶粉的作用

1）改进原料的性能，使粉质软硬适度，便于包捏，熟制后保证成品的形状美观。

2）扩大粉料的用途，使面点的花色品种多样化。

3）多种粮食综合使用，使各类粉中的营养成分互相补充，可提高制品的营养价值。

（2）掺粉与镶粉的方法

一般根据面点的不同品种要求，用不同比例来掺和米粉，常用方法有以下几种。

1）糯米粉、粳米粉和籼米粉掺和。这是最常见的镶粉方法，就是将糯米粉和粳米粉、籼米粉根据不同制品的要求，以不同的比例掺和制成粉团，这种镶粉便于操作，利于成品成型，具体选择哪种比例，要根据品种灵活掌握。其制品软糯、滑润，可制成松糕、拉糕等。

2）米粉与面粉掺和。米粉中加入面粉，能增加粉团中的面筋质。如糯米粉加入面粉，其性质糯滑有劲，制出的成品不走样，制作船点用的米粉有时就要掺入一些面粉。

3）米粉与杂粮粉掺和。如加入豆粉、薯粉、玉米粉、小米粉、淀粉、芋头粉等，或加入南瓜泥、熟红薯泥等，能制成各种特色点心。如果杂粮粉比例高于米粉，则为杂粮面，制成的点心为杂粮点心。

3. 米粉面坯及种类

米粉面坯简称为粉面，是用米磨成粉后与水或其他辅助原料调制成的面坯，米含有大量的淀粉质，黏性大而韧性小，适宜做各种糕团。

米粉有糯米粉、粳米粉与籼米粉三种，由于三种米粉的性质不同，加工成粉团后，性能也各不相同。米粉面坯一般分为三大类，即糕类粉团、团类粉团、发酵粉团。糕类粉团根据成品的性质可分为黏质糕和松质糕两类。

4. 米粉面坯的调制原理

米粉面坯的调制原理主要由米粉的化学组成决定。米粉和面粉的组成成分基本一样，主要是蛋白质与淀粉，但两者的蛋白质、淀粉的性质都不同。面粉所含的蛋白质是能吸水生成面筋的麦麸蛋白和麦胶蛋白，米粉所含的蛋白质则是不能生成面筋的谷蛋白和谷胶蛋白；面粉所含的淀粉多为淀粉酶活力强的直链淀粉，米粉所含的淀粉多是淀粉酶活力弱的支链淀粉，并且由于米的种类不同，情况又有所不同。糯米所含几乎都是支链淀粉，粳米含支链淀粉也较多，籼米含支链淀粉较少，约占淀粉的30%。用糯米粉和粳米粉制作出来的粉团黏性比较强，就是因为其中含有了比较多的支链淀粉。

面粉中加入膨松剂制成的品种比较松发暄软；而糯米粉和粳米粉正常情况下是不能做出暄软膨松的制品的，因为糯米粉、粳米粉含有的支链淀粉较多，黏性较大，淀粉酶活性低，分解淀粉为单糖的能力很低，也就是说，缺乏发酵基本条件中产生气体的能力，且它的蛋白质也是不能产生面筋的谷蛋白和谷胶蛋白，没有保持气体的能力。因此，米粉虽可引入酵母发酵，但酵母的繁殖速度缓慢，生成的气体也不能被保持。所以糯米粉和粳米粉制成的面坯一般都不能用作发酵。但籼米粉可调制成发酵面坯，因为籼米粉中含有的支链淀粉含量相对较低，可以做一些有膨松性能的制品。

5.1 面坯调制

5.1.1 黏质糕粉团的掺粉方法

黏质糕粉团是先成熟后成型的糕类粉团，具有黏、韧、软、糯等特点，大多数成品为甜味或甜馅品种，调制方法是先将粉料搅拌后，上笼蒸熟，再取出揉透（或倒入搅拌机打透打匀）至表面光滑不黏手，最后取出分块、搓条、下剂、制皮、包馅，做成各种黏质糕或叠卷夹馅，切成各式各样的块。代表性品种有年糕、蜜糕、寿桃、拉糕、豆面卷等。

5.1.2 松质糕粉团的掺粉方法

松质糕粉团简称松糕，是先成型后成熟的品种，以糯米粉、粳米粉掺和后加入糖、水或熬成的糖水（又叫糖浆、糖汁等）拌成松散的粉粒状（目的是加热时透气容易成熟，不会夹生），筛入各种糕模中，蒸制成熟即成。成品特点是多孔、松软，大多为甜味和甜馅品种，如松糕、马蹄糕、方糕等。

5.2 生坯成型

5.2.1 黏质糕生坯工艺和技术要求

黏质糕粉团是先成熟后成型的糕类粉团。

调制工艺和技术要求：黏质糕的粉料和拌粉、静置、夹粉等过程与松质糕粉团相同，但采用先成熟、后成型的方法调制而成，即把粉粒拌和成糕粉后，先蒸制成熟，再揉透（或倒入搅拌机打透打匀）成团块，即成黏质糕粉团。

调制过程中需要注意的是蒸熟的糕粉必须趁热揉成团，再制成型。代表品种有猪油白糖年糕、玫瑰百果蜜糕等。

5.2.2 松质糕生坯工艺和技术要求

松质糕粉团简称松糕，是先成型后成熟的品种。

调制工艺和技术要求：以白糕粉团为例，将糯米粉和粳米粉按一定比例拌和在一起，加入清水，抄拌成粉粒，静置一段时间，然后进行夹粉（过筛）即成白糕粉团，再倒入或筛入各种模具中蒸制而成松质糕。

需要注意的是白糕粉团的调制是以糖水代替水调制而成。代表品种有五色小圆松糕、赤豆猪油松糕等。调制过程中要注意以下几点。

1）掺水要适当。粉拌得太干则无黏性，蒸制时容易被蒸汽冲散，影响米糕的成型；粉拌得太湿，则太黏糯无空隙，蒸制时蒸汽不易上冒，出现中间夹生的现象，成品不松散柔软。

2）粉团要夹粉。拌好的粉有很多结块，若不过筛搓散，蒸制时不容易成熟，也不便于制品成型，这个过筛、搓散的过程通常称为夹粉。

3）粉团要静置。其目的是让米粉充分吸水和入味。

小圆松糕（1）

小圆松糕（2）

5.2.3 黏质糕类制品熟制的技术关键

1）粉料要拌匀，上笼要蒸透蒸熟。

2）粉料较少时，将粉料一次性放入笼内，旺火沸水一次性蒸熟；粉料较多时，要分批加入，待笼内粉料蒸至透气时再加入一层剩余粉料，重复至全部粉料加完后再蒸10分钟。

3）趁热将粉料用手持工具或搅拌机搅至粉团光滑黏结。

5.2.4 松质糕类制品熟制的技术关键

1）蒸锅水开后，再均匀地铺上一层粉。

2）待笼内粉有点儿透气、快熟的时候再铺一层粉继续蒸。

3）蒸锅旺火沸水，蒸汽要充足。

技能训练 1　黏质糕粉团——年糕

1. 原料配方（以 16 块计）

（1）坯料　水磨糯米粉500克，水磨粳米粉200克，白糖300克，糖桂花25克，冷水225毫升。

（2）辅料　色拉油15毫升。

2. 制作过程

（1）粉团调制　将水磨糯米粉、水磨粳米粉倒入面盆中拌和，中间扒一个窝，放入白糖，同时将冷水慢慢倒入，双手抄拌均匀。静置24小时后过筛成糕粉。取一个蒸笼，抹上色拉油，垫上湿布，先铺一层薄糕粉，上开水锅用旺火蒸制，至蒸汽透出，糕粉出现气孔时，分次加入余下糕粉，直至将糕粉加完，盖上笼盖，再蒸约15分钟至成熟取下。

（2）制品成型　在案板上洒上凉开水，倒入蒸好的糕体，放入糖桂花，用力反复揉按至均匀且光滑，最后按压成长方形，用刀切成长方块即可。

3. 操作关键

1）按原料配方准确称量投料。

2）采用冷水抄拌的方法调制糕粉。

3）加水量一定要合适，糕粉拌好后要静置。

4）糕粉一定要过筛。

5）蒸制时蒸汽要足，一次完全蒸熟。

6）趁热揉制，糕坯一定要揉按光滑。

7）分块时要用快刀，切口一定要光滑。

8）成品形态要完整，生坯呈长方块。

4. 质量标准

色半透明，长方块状，质感黏糯，口味香甜。

技能训练 2　黏质糕粉团——红糖猪油年糕

1. 原料配方（以 16 块计）

（1）坯料　水磨糯米粉500克，水磨粳米粉200克，红糖300克，熟猪油25克，冷水225毫升。

（2）辅料　色拉油15毫升。

2. 制作过程

（1）粉团调制 将水磨糯米粉、水磨粳米粉倒入面盆中拌和，中间扒个小窝，放入红糖，同时将冷水慢慢倒入，双手抄拌均匀。静置24小时后过筛成糕粉。取一个蒸笼，抹上色拉油，垫上湿布，先铺一层薄糕粉，上开水锅旺火蒸制，至蒸汽透出，糕粉出现气孔时，分次加入余下糕粉，直至将糕粉加完，盖上笼盖，再蒸约15分钟至成熟取下。

（2）制品成型 在案板上洒上凉开水，倒入蒸好的糕体，放入熟猪油，用力反复揉按至均匀且光滑，最后按压成长方形，用刀切成长方块即可。

3. 操作关键

同“技能训练1 黏质糕粉团——年糕”。

4. 质量标准

色半透明，长方块状，质感黏糯，口味香甜。

技能训练3 黏质糕粉团——八宝年糕

1. 原料配方（以30块计）

（1）坯料 糯米1000克，冷水适量。

（2）馅料 芝麻仁25克，青梅25克，葡萄干25克，桃脯25克，冬瓜条25克，白莲25克，白糖25克。

（3）辅料 熟猪油20克。

2. 制作过程

（1）粉团调制 将糯米淘洗干净，泡24小时后上笼蒸熟，取出用木槌捣烂，摊凉备用。

（2）馅心调制 把白糖、芝麻仁、青梅、葡萄干、桃脯、冬瓜条、白莲搅拌均匀做成馅。

（3）生坯成型 在方盘内刷一层熟猪油，铺上1层（1厘米厚）捣烂的糯米饭，每铺一层放入适量的馅，共铺3层。

（4）生坯熟制 上锅蒸熟，用刀切成小块即可。

3. 操作关键

1）按原料配方准确称量投料。

2）糯米要泡透再蒸制。

3）糯米粉要用木槌打制均匀，看不出米饭粒即可。

4）生坯成型时一层一层铺均匀，馅心撒均匀。

4. 质量标准

色泽艳丽，层次分明，口味甜浓，口感软糯。

技能训练 4　黏质糕粉团——桂花糕

1. 原料配方（以 4 块计）

（1）坯料　糯米粉500克，粳米粉（干，细）120克，白砂糖300克，冷水300毫升。

（2）辅料　芝麻油15克，花生油25克，咸桂花酱10克。

2. 制作过程

（1）粉团调制　将糯米粉、粳米粉放入盆内拌匀，加入白砂糖、冷水，拌成松散的糕粉。

（2）生坯熟制　笼屉内刷上花生油，轻轻铺上糕粉，不可压实，放在蒸锅上，用旺火蒸20分钟左右，见糕粉全部蒸熟，倒在事先浸过水的干净棉布上。

（3）制品成型　在干净棉布上淋适量开水，隔着棉布把熟糕粉揉成粉团，按压成厚2厘米、长40厘米、宽10厘米左右的长条，撒上咸桂花酱。用线拉割成4块，稍晾凉，刷上芝麻油，整齐叠块，即可食用。

3. 操作关键

1）按原料配方准确称量投料。

2）糯米粉和粳米粉等要拌成松散的糕粉。

3）蒸制时要旺火足汽。

4. 质量标准

色泽浅白，松软适度，块状成型，香甜适口。

技能训练 5　黏质糕粉团——桂花百果蜜糕

1. 原料配方

（1）坯料　糯米粉500克，绵白糖350克，糖桂花20克，清水190克。

（2）辅料　芝麻油25克，青梅丁25克，松子25克，核桃25克。

2. 制作过程

（1）拌粉、熟制　将糯米粉、绵白糖、糖桂花混合均匀，分次加清水，拌匀后揉搓均匀，过筛，上笼蒸熟。

（2）**拌辅料** 蒸熟的粉料加少许芝麻油、青梅丁、松子（焐油后切碎）、核桃（开水烫后去衣，焐油后切碎）揉匀即可。

（3）**制品成型** 将粉团擀成长方块，静置4小时后，切成所需要的块状装盘。

3. 操作关键

1）按原料配方准确称量投料。

2）拌粉要均匀，蒸制要蒸透，采用旺火沸水足汽。

3）拌辅料要拌均匀。

4）糕块要切得均匀一致。

4. 质量标准

色泽浅白，口味甜润，口感软糯。

技能训练6 松质糕粉团——定胜糕

1. 原料配方（以20块计）

粳米粉600克，糯米粉400克，红曲粉5克，白糖200克，冷水300毫升。

2. 制作过程

（1）**粉团调制** 将粳米粉、糯米粉放入盛器，加红曲粉、白糖和冷水拌匀，静置1小时。

（2）**生坯成型** 将米粉放入定胜糕模具内，按实，表面用刀刮平。

（3）**生坯熟制** 上笼用旺火蒸20分钟，至糕面凝固、成熟取出，翻扣在案板上即成。

3. 操作关键

1）按原料配方准确称量投料。

2）糕粉拌得松软适度，根据粉的吸水性增减用水量。

3）蒸制时间要掌握好，旺火足汽。

4. 质量标准

色泽浅红，口感软糯，口味香甜。

技能训练7 松质糕粉团——五色圆松

1. 原料配方（以10块计）

（1）**坯料** 糯米粉300克，粳米粉200克，绵白糖180克，冷水150毫升，玫瑰酱35克，红曲米粉3克。

（2）**馅料** 糖板油丁100克，干豆沙200克。

（3）**饰料** 熟松子仁50克。

2. 制作过程

（1）**粉团调制** 将糯米粉和粳米粉放在案板上拌和，中间扒一个窝，加入绵白糖、冷水拌和，再加入玫瑰酱、红曲米粉抄拌均匀、静置，然后放入面筛中揉搓过筛成糕粉。

（2）**生坯成型** 将圆松糕模板的图案面朝上，面上放入糕模，每个糕模孔中放入熟松子仁（5克），再放入糕粉至模孔一半位置，然后放入干豆沙（20克）、糖板油丁（10克），继续放入糕粉至满，按实。将糕模面上的余粉刮去，覆盖上湿洁白糕布，再将糕模板放在糕布上，翻面，去掉糕模及糕模板，即成生坯。

（3）**生坯熟制** 将生坯放入蒸箱，旺火足汽蒸15分钟，成熟后取下装盘即可。

3. 操作关键

1）按原料配方准确称量投料。

2）两种粉要拌和均匀，糕粉拌好后要静置并一定要过筛。

3）板油丁要切得细一些，用糖腌制后要放置一段时间，这样容易入味。

4）豆沙要略干一些，便于生坯成型。

5）去模时动作一定要轻，不能抖动。

6）生坯呈梅花形。

7）蒸制时蒸汽要足，蒸透蒸熟。

4. 质量标准

色泽淡红，形呈梅花，质感松软，口味香甜。

技能训练8 松质糕粉团——赤豆猪油松糕

1. 原料配方

糯米粉350克，粳米粉150克，白糖250克，冷水150克，熟赤豆150克，豆沙馅250克，糖板油丁100克，蜜枣4个，核桃肉10片，其他果料少许。

2. 制作过程

（1）**拌粉** 盆内加入粳米粉、糯米粉、白糖、冷水拌匀搓散，制成糕粉。取出1/4的糕粉待用，剩余的糕粉与熟赤豆拌匀。

（2）**入模** 拌匀的赤豆糕粉倒入笼内铺平（0.3厘米厚），再铺上豆沙馅，并均匀撒上糖板油丁。然后将剩余的赤豆糕粉全部倒入铺平，再铺上糕粉，接着在上面放些蜜枣、核桃肉和其他果料（要放得整齐美观），即成松糕生坯。

（3）熟制 松糕生坯上洒些清水，入笼上锅蒸约7分钟至糕变成透明时，将剩下的糖板油丁放在糕粉表面，继续蒸2分钟，即可成熟。

（4）成型 将松糕取下，倒在板上。另取一块板，将松糕翻转，正面朝上即成。

3. 操作关键

1）按原料配方准确称量投料。

2）拌粉要均匀。

3）蒸制时要用沸水旺火速蒸，蒸至表面光滑为宜。

4. 质量标准

松软甜香，肥而不腻，冷热食均可。

技能训练9 松质糕粉团——重阳糕

1. 原料配方（以1块计）

（1）坯料 糯米粉500克，粳米粉250克，红糖50克，冷水300毫升，白糖250克。

（2）馅料 红豆250克，白糖250克，红绿果脯100克，豆油25毫升。

2. 制作过程

（1）馅料调制 先将红绿果脯切成丝，待用。另将红豆入水锅煮烂，筛去皮，然后与白糖250克、豆油小火炒制成干豆沙，备用。

（2）坯料调制 将糯米粉、粳米粉拌和均匀制成糕粉，取150克糕粉拌入红糖，加冷水50毫升左右，拌成糊状粉浆。将其余的粉拌上白糖，加冷水250毫升，拌匀拌透，制成糕粉。

（3）生坯成型 取糕屉，铺上湿洁糕布，放入1/2糕粉刮平，均匀撒上干豆沙，再把剩下的糕粉铺在干豆沙上面刮平。

（4）生坯熟制 上锅旺火沸水蒸，待蒸汽透出糕粉时，把糊状粉浆均匀地铺在上面，撒上红绿果脯丝，再继续蒸至糕熟，即可离火。将糕取出，用刀切成菱形块即成。

3. 操作关键

1）按原料配方准确称量投料。

2）红豆炒制成干豆沙。

3）糕粉加水适量，拌成松散的糕粉。

4）蒸时要旺火足汽。

4. 质量标准

色泽艳丽，口感细腻，香甜可口。

复习思考题

1. 简述米粉的种类。
2. 简述掺粉与镶粉的概念。
3. 掺粉与镶粉的方法有哪些？
4. 米粉面坯有哪些？
5. 简述米粉面坯的调制原理。
6. 简述黏质糕粉团的掺粉方法。
7. 简述松质糕粉团的掺粉方法。
8. 简述黏质糕生坯工艺和技术要求。
9. 简述松质糕生坯工艺和技术要求。
10. 简述黏质糕类制品熟制的技术关键。
11. 简述松质糕类制品熟制的技术关键。

项目 6

其他面坯品种制作

- 其他面坯品种制作
  - 面坯调制
    - 薯类面坯
      - 薯类的种类
      - 薯类的特性
      - 薯类面坯的调制方法
    - 澄粉类面坯
      - 澄粉的特性
      - 澄粉类面坯的调制方法
    - 混酥类面坯
      - 油脂的特性
      - 糖的特性
      - 蛋的特性
      - 混酥类面坯的调制方法
    - 浆皮类面坯
      - 糖浆熬制工艺
      - 浆皮类面坯的调制方法
    - 豆类面坯
      - 豆类原料的种类
      - 豆类原料的特性
      - 豆类面坯的调制方法
    - 鱼虾蓉面坯
      - 鱼虾类原料的种类
      - 鱼虾蓉面坯的调制方法
    - 羹汤、胶冻
      - 羹汤
      - 胶冻
    - 技能训练1 鸡汤
    - 技能训练2 鱼汤
    - 技能训练3 酸萝卜老鸭汤
    - 技能训练4 骨汤
    - 技能训练5 黄豆芽汤
    - 技能训练6 鲜笋汤
    - 技能训练7 口蘑汤
    - 技能训练8 香菇汤
    - 技能训练9 家常羹
    - 技能训练10 金针木耳鸡蛋羹
  - 生坯成型
    - 薯类生坯成型方法
    - 澄粉类生坯成型方法
    - 混酥类生坯成型方法
    - 浆皮类生坯成型方法
    - 豆类生坯成型方法
    - 鱼虾蓉生坯成型方法
    - 胶冻类生坯成型方法
  - 产品成熟
    - 薯类制品制作技术要求
    - 澄粉类制品制作技术要求
    - 混酥类制品制作技术要求
    - 浆皮类制品制作技术要求
    - 豆类制品制作技术要求
    - 鱼虾蓉制品制作技术要求
    - 羹汤类制品制作技术要求
    - 技能训练11 像生雪梨
    - 技能训练12 土豆饼
    - 技能训练13 紫薯饼
    - 技能训练14 船点——和平鸽、白鹅、核桃、西瓜
    - 技能训练15 杏仁酥
    - 技能训练16 莲蓉甘露酥
    - 技能训练17 香草饼干
    - 技能训练18 广式月饼
    - 技能训练19 绿豆糕
    - 技能训练20 豌豆黄
    - 技能训练21 红豆凉糕
    - 技能训练22 虾饺
    - 技能训练23 鱼饺

其他面坯是指除水调面坯、膨松面坯、油酥面坯、米粉面坯等之外的利用杂粮、澄粉、鸡蛋、根茎类、果蔬类、豆类以及鱼虾蓉等材料制作而成的面坯。

其他面坯的种类比较多，主要有：薯类面坯、澄粉面坯、混酥面坯、浆皮面坯、豆类面坯、鱼虾蓉面坯等。

6.1 面坯调制

每一种面坯种类，都有它的特性和调制方法。

6.1.1 薯类面坯

1. 薯类的种类

常用的薯类有马铃薯、甘薯、木薯、芋头及山药等，不同种类的薯类所含的营养成分略有不同。

2. 薯类的特性

薯类是高淀粉食物，其含量甚至比谷类还高，因此很多国家和地区会把薯类当作主食，在膳食设计时也常将薯类与谷物互换。但两者有所区别，薯类和谷物的淀粉结构有所不同，马铃薯淀粉不如玉米淀粉容易挂糊，薯类不如米面易消化；将马铃薯蒸熟后放凉再进食，会有肠道蠕动加快的感觉；木薯淀粉适宜体弱者食用。

薯类膳食纤维丰富，是谷类的一两倍，主要含有纤维素、半纤维素、果胶等，有利于肠道健康，也是帮助控制餐后血糖升高的良好选择。

薯类含有胡萝卜素和维生素C，矿物质含量也较为丰富。

3. 薯类面坯的调制方法

不同的薯类面坯有不同的风味，但调制方法大体相同，即先把山药、芋头等根茎类原料洗净去皮，熟制（蒸或煮），捣烂成泥或蓉，再加入适量面粉或澄粉以及各种配料（如白糖、油脂等）揉搓成团。

6.1.2 澄粉类面坯

1. 澄粉的特性

澄粉是面粉经过特殊加工，成为的没有面筋质的纯淀粉。澄粉加水调制成团即为澄粉面坯。澄粉面坯常用于制作精细点心，如广东的虾饺，苏州、无锡等地的船点等。

由于淀粉的糊化作用，这种面坯呈半透明的质感，具有一定的可塑性。其制品色泽洁白呈半透明，细腻柔软，口感嫩滑，入口即化。

2. 澄粉类面坯的调制方法

澄粉类面坯的调制一般经过以下几个步骤。

（1）烫粉　澄粉与水按比例配好，先将水放入锅中烧开，把澄粉倒入锅中，用勺子迅速搅拌，必须将粉与水拌和均匀并烫熟，最后盖上盖子闷一下，使淀粉糊化充分。

（2）揉粉　将烫好的澄粉放在案板上，趁热将面坯揉擦均匀，边揉边加少许熟猪油直至揉透。

（3）掺粉　根据具体情况，有时需要再掺入一些玉米淀粉，揉匀揉透。例如，制作虾饺时，粉团需要掺入少量的玉米粉，用来提高面坯的韧性，便于成型。

6.1.3 混酥类面坯

在调制混酥类面坯时，油脂、糖、蛋各有特性，共同作用使混酥制品形成酥脆、营养的特色。

1. 油脂的特性

烹饪原料学通常把食用油脂分为植物性油脂和动物性油脂两大类，常用的动植物油脂有猪油、牛油、羊油、鸡油、奶油、豆油、芝麻油、花生油、菜籽油、棉籽油等。此外，还有一部分半成品复合油，如红油、咖喱油、葱油、蒜油、花椒油等。

食用油脂是人们膳食中不可缺少的重要组成部分之一。它不仅可以供给人体热能及必需的脂肪酸，而且与面点制作工艺有着密切的关系，并在面点制作工艺中占有重要地位。食用油脂可增加面点的美味和香气，使面点迅速成熟；增强面点的色泽和美感，可制成风味多样、构图别致、质地各异的风味面点。

油脂既是馅心的调味原料，同时也是面点中的重要辅助原料，除调制油酥面坯外，在成型操作和成熟过程中也是不可缺少的。油脂在面点中的作用主要表现在以下几个方面。

（1）调味　在面点馅心中加入油脂可以增加香味，因为大多数呈香物质为脂溶性，增加油脂的摄入，相对增加了香味的来源，使食物变得芳香可口。油脂并不起直接调味作用，因为呈味物质都是水溶性而不是脂溶性的，油脂在口腔中的体现实际上并不是真正的味感，而是一种触觉（物理味觉）。其在口腔中的触感受诸多因素影响，如油粒的大小、舌头表面形成油膜的厚度、溶解性、扩散性、乳化性等。我们在品尝含有油脂的食物时，之所以感觉到它的味道，实际上是含有油脂的乳化液或混浊液对我们的味觉神经的作用。当水溶性的各种呈味物质与油脂形成乳化液或混浊液后，会粘连在面点馅心上，使得进食时能产生味觉。另外，水溶性呈味物质一般在舌头的表面有油脂时，会影响食物中的部分呈味物质向嗅觉感受器发生移动，从而丰富了味感，这也是油脂能使食物味道更加可口的又一个原因。

（2）增加制品的营养 食用油脂增加制品营养，主要表现在3个方面。

1）油脂可以产生热能。众所周知，油脂、蛋白质、碳水化合物为人体三大产热营养素，作为三大产热营养素之一的油脂，在人体内的功能主要是为人体提供热能，且油脂的产热系数为9千卡㊀/克，远远高于蛋白质和碳水化合物在人体内所产生的能量。在面点中所用的油脂，大多数是植物油、猪油和奶油，它们的熔点都比较低，对人体而言消化吸收率比较高，更利于人体消化吸收。从产生热能的数值也可以看出，从食物里获取相同数量的热能时，含脂肪多的食物只需摄入较少的量就可以了，这在一定程度上也减轻了人体消化器官的负担。

2）增加不饱和脂肪酸的供给。面点中使用的油脂熔点低，所含的不饱和脂肪酸较多，不饱和脂肪酸中的必需脂肪酸对构成细胞膜、参与磷脂的合成、胆固醇的转运等都是不可缺少的。

3）脂肪有利于帮助脂溶性维生素的吸收。常见的脂溶性维生素有维生素A、维生素E、维生素D、维生素K等。这些脂溶性维生素一定要在有脂肪摄入的条件下，才能溶解于脂肪，最终被人体吸收利用。

（3）润滑作用 在面点的成型中适当用些油脂，能降低面坯的黏性，便于操作。如在制作馓子、麻花时，在手上和案板上涂点油脂，可以使面坯不粘连，面条之间也不粘连，从而更利于成型。

（4）使制品形成层次，松脆、酥而不硬 油脂可以使制品形成层次主要表现在发酵面坯、油酥面坯中。在发酵面坯中，使用油脂能使制品层次分明，松软适口，如千层饼、黄桥烧饼、各式花卷。

（5）作为传热介质，赋予制品风味 以油为传热介质，主要是利用油的对流传递热量，利用高温能使油分子驱散原料表面和内部的水分子，使原料香脆。

油脂具有一定的颜色，在制作面点时一般并非直接应用油脂本身的颜色，而是利用油脂在烹饪中的导热功能，使面点在加热过程中颜色保持稳定或是发生一定的改变。油炸食品的表面往往呈现金黄色或黄褐色，这是在高温油脂的导热下，食物中所含羰基化合物（如糖

㊀ 1千卡=4.184千焦耳。

类）与含氨基化合物（如蛋白质、氨基酸）发生化学反应而变色。同时在油炸过程中，油脂中的一些脂溶性色素也有部分粘连，吸附在被炸食物的表面使其着色。由于所使用的油温不同，可以使制品在不同温度下成熟，从而产生香、脆、酥等不同的效果。

2. 糖的特性

糖是面点制作中的重要辅助原料之一，它不仅是一种甜味原料，同时还能改善面坯的品质。在中式面点的甜馅制作中运用较多。面点制作中常用的糖有蔗糖、葡萄糖浆、蜂蜜、饴糖等。蔗糖主要以甘蔗或甜菜为原料，经过过滤、沉淀、蒸发、结晶、脱色、干燥等工艺制成。面点制作常用的蔗糖主要有白砂糖、绵白糖、红糖、冰糖、糖粉等。

1）白砂糖简称砂糖，是面点制作中使用最广泛的糖，为白色粒状晶体，纯度高，蔗糖含量在99%以上，按晶粒大小又有粗砂、中砂、细砂之分。

2）绵白糖又称“绵糖”或“白糖”，是由细粒的白砂糖加适量的转化糖浆加工制成的产品。绵白糖是以蔗糖为主要成分的糖，蔗糖含量在97%以上。它的纯度不如砂糖高，颗粒细小、色泽洁白、味甜、质地细腻绵软，质量与白砂糖差不多，食用方便。

3）红糖也称黄片糖。由于制作中没有经过脱色、净化等工序，结晶糖块中含有糖蜜、色素等物质，因此红糖具有甘甜味香的特点。红糖在使用时需溶成糖水，过滤后再使用。红糖用于面点中能起到增色、增香的作用，如年糕、松糕、蕉叶粑等。

4）冰糖是白砂糖重新结晶的再制品，外形为块状的大晶粒，晶莹透明。冰糖纯度高，味清甜纯正，一般用于制作甜羹或甜汤，如菠萝甜羹、银耳雪梨盅等。

5）糖粉是白砂糖重新结晶的再制品，为纯白色粉状物，味道与蔗糖相同。糖粉可以代替白砂糖和绵白糖使用，也可用于点心的装饰及制作大型点心的模型等。

3. 蛋的特性

（1）蛋的凝固性或凝胶化性 凝固性是蛋白质的重要特性。当卵蛋白受热、盐、酸或碱及机械作用会发生凝固。蛋的凝固是一种卵蛋白质分子结构的变化。这一变化使蛋液变稠，由流体变成固体或半流体（凝胶）状态。

蛋黄在65℃开始凝固，70℃失去流动性，并随温度升高而变得坚硬。在蛋中添加盐类可以促进蛋的凝固，这是由于盐类能减低蛋白质分子间的排斥力。因此，带壳蛋在盐水中加热，蛋凝固完全，且易去壳。而蛋液中加糖可使凝固温度升高，凝固物变软。蛋的很多加工方法都利用了蛋的热凝固性，如煮蛋、炒蛋。在蛋液加工中（如巴氏杀菌过程）要防止热凝固，常在蛋液中加糖、表面活性剂。蛋在一定pH条件下会发生凝固，蛋清在pH2.3以下或pH12以上会形成凝胶。

（2）蛋的起泡性 搅打蛋清时，空气进入蛋液中会形成泡沫。在起泡过程中，气泡逐渐变小而数目增多，最后失去流动性，通过加热可使之固定，蛋清的这种特性在面点制作中常用于糖饰、天使蛋糕等。

（3）蛋的乳化性　蛋黄具有优异的乳化性，目前已知卵磷脂、胆固醇、脂蛋白与蛋白质均为蛋黄中具有乳化力的成分，低密度脂蛋白比高密度脂蛋白乳化力强。向蛋黄中添加少量盐、糖可以提高乳化能力；添加酸会降低蛋黄乳化力。

4. 混酥类面坯的调制方法

混酥类面坯的调制方法是：先将面粉和发酵粉拌匀，放在案板上，扒一个窝，放入拌好的糖、油、蛋等搅拌均匀，揉匀成团即可，也可以用和面机制作。

调制混酥面坯，一般必须具备蛋、水、油（乳）等物料。这些物料中的蛋乳含有磷脂，是良好的乳化剂，可以促进面坯中油水乳化。乳化越充分，油脂微粒或水微粒就越细小。这些细小的微粒分散在面坯中，很大程度地限制了面筋网络的大量生成。

6.1.4　浆皮类面坯

浆皮类面坯也称提浆面坯，是以面粉、油脂和糖浆为主要原料调制而成的，根据制品的特点及使用糖浆的不同，可分为砂糖浆面坯和麦芽糖面坯两种。这类面坯具有松软、精细、可塑性好、成型后的花纹清晰等特点；制品具有松酥、香甜等特点。

1. 糖浆熬制工艺

原料：白砂糖500克，清水175~200克，柠檬酸0.25~0.3克。

制法：先将1/4的清水倒入锅中，放入白砂糖煮至沸腾，再逐次加入剩余的清水，以防止糖液溅出，煮沸后用小火煮约30分钟，再加入柠檬酸搅匀，倒入器皿中冷藏储存15~20天，即可取出使用。

2. 浆皮类面坯的调制方法

（1）砂糖浆面坯的调制　砂糖浆面坯以面粉、砂糖、油脂为主要原料调制而成。因调制时砂糖用量较多，必须将糖熬制成糖浆才能使用。这样可使面坯具有良好的可塑性，成型时不酥不脆、柔软不裂，烘烤成熟时容易着色，成品存放两天后回油，使制品更加油润。常见的砂糖浆面坯制品有广式月饼等。

原料：富强粉500克，糖浆400~410克，花生油120克，枧水（一种含有碳酸钠和碳酸钾的添加剂）8~9克。

制法：将面粉放在案板上，中间扒一个小窝。将糖浆和枧水混合后，放入花生油搅拌成乳状，再倒入面粉的小窝内拌和揉制成面坯。面坯的软硬应根据馅心的软硬灵活掌握。

（2）麦芽糖面坯的调制　麦芽糖面坯以面粉、麦芽糖、糖粉为主要原料调制而成。不同制品的麦芽糖面坯，使用麦芽糖的量不相同。无麦芽糖时，可用转化糖浆代替。常见的麦芽糖面坯制品有鸡仔饼、炸肉酥等。

原料：富强粉500克，酵母3克，清水150~170克，麦芽糖100克。

制法：将面粉放在案板上，中间扒一个凹坑，倒入酵母、麦芽糖和清水，拌匀后再揉和面粉，搓匀制成面坯。

6.1.5 豆类面坯

豆类面坯是指用绿豆、赤豆、豌豆、芸豆、蚕豆、扁豆、黄豆、黑豆等富含淀粉的原料，掺入面粉或澄粉等辅料制作而成的面坯。其主要利用了蛋白质的溶胀作用形成面筋网络，或者淀粉的糊化作用黏接成团。

1. 豆类原料的种类

豆类的品种很多，主要有大豆、蚕豆、豌豆、绿豆、赤豆等。根据豆类的营养素种类和数量可将它们分为两大类。一类是以黄豆为代表的高蛋白质、高脂肪豆类；另一类是以绿豆、赤豆为代表的高碳水化合物豆类。鲜豆及豆制品，不但可做菜肴，还可以作为面坯的原料。下面介绍几种豆类。

（1）大豆　大豆在豆类作物中蛋白质含量居首位，并富含可食用的油脂，故为重要的蛋白质和油料作物。大豆的种子含蛋白质36%~42%，油脂16%~20%，常用大豆制成豆腐、豆芽和酱油等。

（2）蚕豆　其种子含蛋白质22%~35%，淀粉43%，除食用外亦作为制酱的原料。未熟的青蚕豆味道鲜美，含维生素A、B族维生素和维生素C，为春季上等蔬菜。

（3）豌豆　根据荚果不同，豌豆可分为软荚种和硬荚种，前者鲜荚脆嫩，做蔬菜食用，又分小荚和大荚；硬荚种又称红花豌豆或麦豆，以食用种子为主，荚多纤维而硬，不堪食用，种子含蛋白质22%~34%，可作为面点原料使用，常见品种有豌豆黄。

（4）绿豆　荚果有10~15颗小的绿色种子。种子供食用，含蛋白质25.59%，淀粉53.6%，富于营养，磨粉可做糕饼，又可制成粉丝，为传统副食品之一。种子洗净浸水中遮光发芽，成为绿豆芽，也叫芽菜，供蔬食。

（5）赤豆　种子多为赤褐色，也有黑、灰、白、浅黄色等。面点制作中多制馅用，如红豆馅。

2. 豆类原料的特性

1）蛋白质含量高且质量优。大豆、黑豆等蛋白质含量在35%~40%，是一般植物性食物中蛋白质含量的数倍。大豆中的完全蛋白质都是优质蛋白，是最好的植物性蛋白质，所以大豆及其制品有“植物肉”之称。

2）含有丰富的脂肪。大豆脂肪含量高达15%~20%，是优质的食用脂肪的原料，不但含量高，且营养价值高。大豆的脂肪中含不饱和脂肪酸高达85%，有丰富的必需脂肪酸、维生素B_1、维生素B_2、磷脂、豆固醇等，对降低血胆固醇有一定益处，是肥胖者、老年人和心血管疾病患者的优质食用脂肪。

3）含糖低。豆类是一种高营养、低糖类食品，是糖尿病、肥胖症及心血管疾病患者的理想食品。

3. 豆类面坯的调制方法

豆类面坯一般无筋性，具有适度的黏性，这类面坯制成的点心具有色泽自然、豆香浓郁、干香爽口的特点，如赤豆糕、绿豆糕等。

豆类面坯品种较多，每一种调制方法各有不同，如调制绿豆面坯，先将绿豆磨成粉，再加水（一般不加其他粉料，有的加糖、油等）调制成团。绿豆粉无筋不黏，香味浓郁，既可做馅，又可制成糕点，如绿豆饼、绿豆糕等。制馅味香而滑，制糕点则松脆、甘香。

6.1.6 鱼虾蓉面坯

鱼虾蓉面坯是指用鱼肉、虾肉制成泥蓉状，再加澄粉或面粉、调味品调制而成的面坯。此类面坯的成品口味鲜美、营养丰富，但制作要求较高。

1. 鱼虾类原料的种类

（1）鱼类　鱼的种类较多，通常选择肉多刺少、腥味不大的鱼肉制馅，常用于制馅的鱼有草鱼、青鱼、鲈鱼、鲅鱼、刀鱼等，加工时去除鳞片、鱼头、鱼皮、内脏后，再去除脊骨、腹刺等大小鱼刺，加工成各种鱼蓉馅。

（2）虾类　虾的种类很多，对虾、青虾、红虾、草虾等的虾仁均可使用，常用来制作虾蓉馅、虾仁馅等。要选用新鲜、色青白、有弹性的鲜活原料做馅，色泽发红或发暗，外表有黏液的则不宜做馅。

面点制作中要挑选虾体完整、甲壳密集、外壳清晰鲜明、肌肉紧实、身体有弹性，并且体表干燥洁净的。肉质疏松、颜色泛红、闻之有腥味的，则是不够新鲜的虾，不宜食用。一般来说，头部与身体连接紧密的，比较新鲜。

2. 鱼虾蓉面坯的调制方法

鱼虾蓉面坯的调制方法：先将鱼肉或虾肉切碎，放入粉碎机打细成蓉状，放进盆内，加入适量的盐、水搅拌上劲，再加芝麻油、白胡椒粉、味精等搅匀，成为鱼虾胶，然后在鱼虾胶内拌入适量澄粉揉匀即可。如用擀面杖擀成薄皮，可用来做鱼、虾饺皮，包制鱼皮馄饨、虾饺等。

6.1.7 羹汤、胶冻

羹汤主要指汤卤，用于制作面点的浇头等；胶冻主要指南方一些面点品种，如汤包等皮冻类馅心所用的原料。

1. 羹汤

（1）羹汤的概念　羹汤分为汤和羹两个部分。汤是将制汤原料随清水下入锅中煮制，通过较长时间加热使汤料中所含的营养成分和鲜味物质充分析出，溶于水中，使之味道鲜美，营养丰富，这种汤常称作鲜汤。羹是在汤的基础上，加上配料，然后用水淀粉勾芡使汤汁浓稠制成。

和江南的精细雅致一样，苏式汤面的汤、面和浇头都大有讲究。汤为灵魂、面为精髓，锦上添花的浇头则最能展现苏式汤面的特色。作为面食故乡的山西，刀削面的浇头种类也十分繁多，羹更是精髓，有一品猪肉羹、酱香牛肉羹、茄子肉丁羹、金针木耳鸡蛋羹、肉丝什锦羹等。

（2）羹汤的种类

1）汤的种类。汤可分为荤汤和素汤。荤汤按原料品种不同有鸡汤、鸭汤、鱼汤、海鲜汤等；按汤色不同可分为毛汤、白汤和清汤3种。素汤按原料品种不同有豆芽汤、香菇汤、鲜笋汤、口蘑汤等；按汤色不同分为素白汤和素清汤。

①荤汤。

a. 毛汤是用猪骨、鸡鸭骨架、碎肉，并酌加猪肉、鸡鸭肉一起煮制而成的汤。制汤时先将汤料焯水洗净，下入冷水锅中烧沸，初始阶段出现的浮沫要撇除，继续用中火煮制3~4小时即可使用。煮制毛汤时常把整鸡、整鸭、猪肘之类的整料加进去煮一段时间，作为这类整料的初熟处理，可提高毛汤的质量，制出的毛汤色泽浑白，常用来制作一般菜肴或汤菜，也可用作加工白汤的底汤。

b. 白汤是用猪蹄髈、猪爪、猪肉、猪骨、鸡鸭骨架、鸡爪、鸡翅等煮制成的汤。汤料焯水洗净后，下入冷水锅中用旺火烧沸，撇除浮沫，下入葱、嫩姜、料酒等调料，持续用大火加热，把汤煮成乳白色即可。或者用毛汤作为底汤，经加工后使其色泽乳白，具体有以下3种做法。第一种做法是在毛汤中加进熟猪油、猪骨，大火烧开，使汤变浓转白；第二种做法是在毛汤中加入猪口条、猪肚之类，并酌加鲜姜、小葱，用中等以上火力煮至汤色变白；第三种做法是在锅底留少量熟猪油，加适量面粉炒至面粉泛起小泡，冲入毛汤，旺火烧沸，持续加热一段时间至汤呈乳白色。白汤常用来制作一般白汁菜。

c. 清汤是选用老母鸡，开膛除内脏，焯水清洗干净，下入冷水锅中，加葱、姜，旺火烧开，撇去浮沫，改用小火加热，汤面保持微沸不腾状炖煮数小时之久，最后放食盐调味而成。制成的汤味道鲜美、清澈，制汤时可酌加猪瘦肉、火腿同煮。以老母鸡制取清汤是传统的方法，采用小火或微火长时间炖煮，品色甚佳。

②素汤。

a. 素白汤色泽乳白、清香鲜醇，所用原料为黄豆、黄豆芽、豆腐、腐竹等蛋白质、脂肪、磷脂都很丰富的原料，或鲜笋等蛋白质含量高、颜色浅的原料。

素白汤鲜醇的味道，是由植物蛋白中的各种氨基酸和核酸中的各种核苷酸形成的，因此，要想使汤味鲜醇，必须用大火长时间加热，使上述物质溶解在水中。加热的时间依原料的情况而定，一般黄豆和笋需要2~3小时；豆芽和豆腐需要30分钟左右。素白汤的颜色主要来自蛋白质、脂肪、磷脂的乳化液和植物色素。由于素白汤中不存在胶原蛋白这种乳化剂，致使素白汤的颜色稳定性较差，因此，素白汤最好现用现制。

b. 素清汤味香醇、色泽暗淡，所用原料为香菇、口蘑、南瓜花、鲜笋等含蛋白质、核酸、维生素丰富的原料。素清汤根据原料的不同，一般有两种加热方法。香菇、口蘑、植物的花蕾味道虽好，但质地很嫩无法加热取其味。这类原料中有许多香气物质具有很好的水溶性，所以可采取温水浸泡的方法，使原料中的水溶性物质溶解在水中。原料浸泡之后捞出另用，浸泡原料的汤汁过滤后在锅中加热浓缩，加味精和盐调味后便可制成素清汤。鲜笋等质地稍硬的原料，应在水锅中用小火慢慢吊制，使原料中的鲜味和香味物质溶在水中，加热时汤体不能沸腾，以免汤浑，吊制时间一般为1~3小时。

2）羹的种类。羹分清羹、混羹两种，清羹又叫汆儿羹，混羹又叫勾芡羹。两种羹的做法不同，滋味也两样。

①清羹除了白肉或羊肉、香菇、口蘑、虾米、摊鸡蛋、鲜笋等一律切丁外，有的地方还要放上点鹿角菜，最后撒上现磨的白胡椒粉、鲜香菜，辣中带鲜，才算作料齐全。做清羹一定要比一般汤水要口重点，否则一加上面条，就觉出淡而无味来了。

②勾芡的混羹制作流程比清羹复杂，作料跟清羹大致差不多，只是将鹿角菜改成木耳、黄花菜，鸡蛋要打匀甩在羹上，如果再加上火腿、鸡片、海参就叫三鲜羹。所有配料一律改为片，在起锅前炸点花椒油，趁热往羹上一浇，椒香四溢。

技能训练 1　鸡汤

1. 原料配方

土鸡1只（1750克），葱白4段，姜4片，大枣25克，枸杞子15克，清水5千克，盐5克。

2. 制作过程

1）土鸡洗净，控水，入开水锅中焯2分钟，捞出。

2）另起锅，放入焯好的土鸡，加入葱白、姜，加没过土鸡的清水，用大火烧开。

3）转小火炖1小时，捞出葱白、姜弃之。

4）添加冲洗干净的大枣和枸杞子，小火继续炖30分钟。

5）起锅前调入盐即可。

3. 操作关键

1）土鸡洗净，焯水去污。

2）大火烧开后，改用小火炖制。

4. 质量标准

色泽浅黄，鸡汤鲜醇。

技能训练 2　鱼汤

1. 原料配方

活鲫鱼3000克，虾子50克，鳝鱼骨1000克，白胡椒粉15克，姜50克，绍酒50克，香葱100克，熟猪油2500克（实耗约300克），开水15千克。

2. 制作过程

1）鲫鱼洗净，入猪油锅中炸酥。另将鳝鱼骨洗净，放入锅内煸透。

2）锅中放开水5千克，放入炸好的鲫鱼和鳝鱼骨烧沸，待汤色转白后加入熟猪油50克，大火烧透，然后过罗，成为第一份白汤。

3）将熬过汤的全部鱼骨倒入铁锅内，先用文火烘干，然后放入熟猪油150克，用大火把鱼骨煸透，加入开水5千克，烧沸后再加熟猪油50克，大火烧沸，过罗，成为第二份白汤。

4）用熬制第二份白汤的方法和用料，将开水5千克熬成第三份白汤。然后将三份白汤混合下锅，放入虾子、绍酒、姜、香葱、白胡椒粉烧透，用细筛过滤即成鱼汤。

3. 操作关键

1）选择小的活鲫鱼和鳝鱼骨制汤。

2）烧汤时用大火烧开，中火煮汤。

3）最后过滤鱼汤去掉鱼的杂刺。

4. 质量标准

色泽洁白，口感醇厚，味道鲜醇。

技能训练 3　酸萝卜老鸭汤

1. 原料配方

老鸭1800克，酸萝卜400克，姜1块，花椒四五粒。

2. 制作过程

1）将老鸭取出内脏后洗净，切块；酸萝卜清水冲洗后切片；姜拍碎待用。

2）将鸭块倒入干锅中翻炒，待水汽收住即可（不用另外加油）。

3）锅中加水烧开后倒入炒好的鸭块、酸萝卜片，加入备好的姜、花椒。

4）将鸭块连同汤水倒入炖锅慢火煨两个小时即可。

3. 操作关键

1）鸭块不宜太大，以入口方便为宜。

2）煮到鸭肉酥烂为佳。

4. 质量标准

色泽洁白，口味酸醇，鸭肉酥烂。

技能训练 4　骨汤

1. 原料配方

筒子骨1500克，葱结1个，姜1小块，绍酒50克，清水3千克。

2. 制作过程

1）将筒子骨砍成块，放入温热水中，逐块洗净，尤其是骨头缝里的血沫、杂质，都要洗净。

2）将洗净的筒子骨放入锅中，加入葱结、姜块，然后加入清水。清水最好一次性加足。

3）用大火烧开，撇去浮沫（根据肉质，可能要撇一两次），转小火慢炖，然后倒入绍酒。

4）炖两三个小时，即成骨汤。

3. 操作关键

1）筒子骨要洗净。

2）大火烧开后，浮沫要撇净。

3）大火烧开后，转小火炖制。

4. 质量标准

色泽澄清，味道鲜醇。

技能训练 5　黄豆芽汤

1. 原料配方

黄豆芽3千克，清水5千克，豆油100克。

2. 制作过程

1）将黄豆芽在油锅中煸炒至八成熟，倒入汤锅中，加清水。

2）用大火焖煮50分钟左右，待汤汁呈乳白色，汁浓味鲜时滤去黄豆芽即成。

3. 操作关键

1）黄豆芽在豆油中煸炒一下。

2）大火烧开后，继续保持大火，这样汤色较白。

4. 质量标准

色泽乳白，味道鲜美。

技能训练6　鲜笋汤

1. 原料配方

鲜笋2千克，清水6千克。

2. 制作过程

1）将笋尖与笋根切分开，笋根入汤锅中加水4千克，用小火煮约3小时，待汤汁变浓时将笋根捞出。

2）与此同时，另取一只汤锅，放入笋尖，加清水2千克，用小火煮1小时左右，同样待汤汁变浓时捞出笋尖。

3）将笋根汤和笋尖汤合二为一，再用小火炖一会儿，便制得鲜笋汤。

3. 操作关键

1）笋尖和笋根分开煮汤。

2）笋根汤和笋尖汤合并后再用小火炖一下。

4. 质量标准

色泽黄绿，汤清味鲜。

技能训练7　口蘑汤

1. 原料配方

干口蘑500克，清水1500克。

2. 制作过程

1）干口蘑用清水洗净。

2）洗净的口蘑放入炒锅加清水烧开，改用小火煮

30分钟左右，待口蘑发透无硬心时将口蘑捞出。

3）汤汁沉淀后，取上层清汤过滤即可。

3. 操作关键

1）清洗口蘑的时间不要太长，以免味道流失。

2）煮好的口蘑汤需要静置，取其上层清汁过滤。

4. 质量标准

汤汁灰暗，汤味鲜醇。

技能训练8　香菇汤

1. 原料配方

干香菇500克，温水3千克，清水3千克。

2. 制作过程

1）先将干香菇的菌柄和菌盖剪开。

2）菌盖用70℃的温水浸泡2小时左右，水量约3千克。泡好的菌盖用手挤出原汁，再加少量清水抓捏一次。把两次挤出的水合二为一，经沉淀去泥沙，再用纱布滤去杂质。

3）与此同时，另将菌柄放入汤锅中，加清水3千克煮2小时左右捞出。煮菌柄的汤经沉淀，用纱布滤去杂质。

4）将泡菌盖的汤和煮菌柄的汤合二为一，大火烧开即得香菇汤。

3. 操作关键

1）菌盖、菌柄分开加工制汤。

2）两种汤合并前需要沉淀澄清。

4. 质量标准

色如红茶，味道鲜香。

技能训练9　家常羹

1. 原料配方

五花肉250克，黄豆芽150克，蒜薹150克，豆角150克，姜10克，芹菜100克，盐3克，鸡精2克，葱15克，蒜10克，八角1颗，干辣椒3个，老抽10克，色拉油50克，水淀粉15克。

2. 制作过程

1）豆角、蒜薹、芹菜、黄豆芽择好，洗净；五花肉洗净。

2）豆角、蒜薹、芹菜切2.5厘米长的段，五花肉切薄片。

3）姜切末蒜切碎，葱斜切片。

4）锅内加少许油烧热，放入五花肉片煸至金黄，捞出备用。

5）锅内留适量油，下八角、干辣椒小火煸香，转中火，放入切好葱、姜、蒜炒香，倒入豆角炒1分钟，再加入黄豆芽、芹菜、蒜薹继续炒1分钟，倒入炒好的五花肉，再加入老抽、盐、鸡精炒匀。

6）加水到菜的3/4处烧开后用水淀粉勾芡，关火。

3. 操作关键

1）选择五花肉，带肥带瘦，口感较好。

2）蔬菜品种可以按照季节调配。

3）根据具体情况决定是否勾芡。

4）蔬菜不用炒熟，拌上面条后还要上锅蒸。

4. 质量标准

色泽鲜艳，荤素搭配，口味咸鲜。

技能训练10　金针木耳鸡蛋羹

1. 原料配方

干金针菜8克，干木耳5克，猪肉50克，鸡蛋1个，味极鲜15克，盐3克，清水100克，葱15克，姜10克，蒜2瓣，花生油50克，水淀粉15克，白胡椒粉1克，香菜末10克，花椒10粒。

2. 制作过程

1）干金针菜和干木耳用水泡软，洗净后分别切段、切片。

2）葱、姜、蒜分别切片，猪肉洗净切丝。

3）锅内放花生油烧热，放入猪肉丝炒散，加葱、姜、蒜片炒香，再加切好的金针菜和黑木耳炒匀，加味极鲜、盐调味。

4）加清水，待水开后，用水淀粉勾芡，关火，慢慢淋入蛋液，静待成蛋花，撒白胡椒粉、香菜末。

5）最后炸少量花椒油，泼上增香。

3. 操作关键

1）猪肉选择五花肉，带肥带瘦，口感较好。

2）蛋花制作有讲究，别把蛋液淋在滚开的汤里，这样就碎了，不好看。待汤汁煮好之后，关火，再将蛋液转圈慢慢淋入锅中，静待片刻，待蛋花凝固成片状即成。

3）不要太咸，一半羹一半面条即可。

4. 质量标准

色泽鲜艳，荤素搭配，口味咸鲜。

2. 胶冻

面点制作中常使用的胶冻类原料有皮冻、明胶片、琼脂，它们有一个共同的特性：冷藏时，能够使馅心或面坯呈现固体状，便于成型；但加热之后，它们就会熔化为流体状。

（1）皮冻　皮冻大致分为硬冻和软冻两类，主要用于制作馅心。两种冻的做法相同，只是所加原汤的量不同。硬冻放原汤少，每 1000 克煮好的肉皮加原汤 1000~1500 克；软冻放原汤多，每 1000 克煮好的肉皮加原汤 2000~2500 克。前者比较容易凝结，多在夏天使用；后者皮冻较嫩，适合春、秋、冬季节使用。如果把煮烂的肉皮从锅中取出后绞碎，再用纯汤汁熬制而成清澈透明的冻称为水晶冻。制冻有选料和熬制两道工序。

皮冻添加量应根据制品的品种要求及坯皮性质而定，一般为肉馅 40%~60%。如汤包用水调面坯或嫩酵面时，掺冻量为每 500 克肉馅 300 克皮冻，而用大酵面时掺冻量则为 200 克左右，因为大酵面易吸收汤汁，容易发生渗漏现象。而且，皮冻只需剁碎加入肉馅中，且不宜多拌，否则皮冻易化，给包捏带来困难。

（2）明胶片　明胶广泛应用于食品工业，在肉制品、肉馅、冻汁肉、奶糖、果汁软糖、牛轧糖、太妃糖、冰激凌、酸乳制品、啤酒澄清等制作工艺中都有添加，在面点制作中，主要用于胶冻面坯的成型。

（3）琼脂　琼脂又名洋菜、琼胶、石花胶、洋粉、寒天，是植物胶的一种，常用海产的麒麟菜、石花菜等制成，为无色、无固定形状的固体，溶于热水。琼脂在食品工业中应用广泛，与明胶片的使用方法相似。

6.2 生坯成型

6.2.1 薯类生坯成型方法

薯类生坯是将富含淀粉的薯类原料去皮煮熟，制成泥，再加入面粉或澄粉等粉料调制而成的面坯。加入面粉调制的薯类面坯可以形成面筋网络结构，所以具有部分水调面坯的特性；加入澄粉调制的薯类面坯，利用淀粉的糊化作用，也具有澄粉面坯的特点。其成型方法主要有包、捏塑等。

6.2.2 澄粉类生坯成型方法

澄粉类面坯又称淀粉面坯，是用澄粉加水等调制而成。由于澄粉在60℃左右的水温条件下能吸水膨胀糊化，水温至90℃以上会形成糊精，因此澄粉用沸水冲搅拌匀后，面坯具有洁白、半透明、细腻柔软、入口嫩滑的特点，具有良好的可塑性，通常用来制作船点。其成型方法主要有包、捏塑等。

6.2.3 混酥类生坯成型方法

混酥类面坯缺乏弹性和韧性，具有良好的可塑性。要求使用低筋面粉，而且面粉颗粒较粗些的为好。混酥制品的特点是成型方便，制品成熟后无层次，但质地酥脆，代表品种有桃酥、甘露酥等。其成型方法主要有包、捏、搓等。

6.2.4 浆皮类生坯成型方法

浆皮类面坯具有松软、精细、可塑性好、成型后花纹清晰的特点，浆皮面坯制品具有松酥、香甜等特点。一般采用模具成型的方法。

6.2.5 豆类生坯成型方法

豆类面坯制作中为增加黏性，通常会添加面粉或澄粉等辅料，利用蛋白质的溶胀作用或淀粉的糊化作用形成团，生坯弹性差，成型方法主要有包制、捏塑、模具等。常见品种有绿豆糕、蚕豆饼、花式船点等。

6.2.6 鱼虾蓉生坯成型方法

鱼蓉面坯是将鱼肉切碎剁成蓉，加盐和水搅打均匀，最后加入淀粉拌匀而成的面坯。虾蓉面坯是将虾肉洗净晾干，剁碎压成蓉，加盐将虾蓉打至有黏性，加入淀粉拌匀而成的面坯。无论是鱼蓉面坯还是虾蓉面坯都是利用鱼蓉和虾蓉中蛋白质的凝胶特性调制而成的。两种面坯的成型方法通常有擀、压、敲、包等。

6.2.7 胶冻类生坯成型方法

胶冻类面坯是指用明胶片、琼脂辅助成型的面坯，调制时通常是在打发的奶油、果汁或汤羹内加入熔化的明胶片或琼脂，搅拌均匀后装入模具或小碗盅里，放入冰箱中冷藏成型。成型方法主要是模具。常见品种有提拉米苏、西瓜冻等。

6.3 产品成熟

6.3.1 薯类制品制作技术要求

1）薯类去皮后，改刀成型，要蒸熟蒸透。

2）成熟后捣成泥，要均匀细腻。

3）掺入面粉（或澄粉）要揉匀揉透。

4）采用包塑或模具成型。

5）一般采用蒸制、煎制、烙制或炸制成熟，成熟时间宜短。

6.3.2 澄粉类制品制作技术要求

1）掌握比例。掌握澄粉、淀粉、水、油的比例，一般 500 克澄粉加入玉米淀粉 50 克，水 750 克，油 25 克（搓粉团用）。

2）及时烫粉。烧水时要注意，水开后就倒入澄粉，不要让水长时间烧开，以免水分流失。

3）揉匀揉透。澄粉烫好后一定要趁热擦透，否则面坯易夹生，成熟时易开裂。

4）适时掺粉。揉入淀粉的目的是使面坯有劲力。面坯揉好后，一定要用湿布或保鲜膜包好，以免风干结皮。

5）面坯包制、捏塑成型，一般制作花色品种。

6）一般采用蒸制成熟，成熟时间不宜长。

6.3.3 混酥类制品制作技术要求

1）辅料预混合必须充分乳化。

2）加入面粉后，要控制好搅拌速度和搅拌时间。

3）成型时尽可能少揉搓面坯，均匀即可，防止起筋。

4）控制面坯温度。温度过高会增加面筋蛋白质的吸水率，增加面坯的筋力，还会使面坯中的油脂外溢，给以后的操作带来困难。

5）调制好的面坯不需要静置，应立即成型。如果放置时间长，特别在夏季室温高的情况下，面坯容易出现起筋和走油等现象，使产品质量下降。

6）混酥类面坯一般采用烤制的方法成熟，需要预热烤箱、定时定温等。

6.3.4 浆皮类制品制作技术要求

1）糖浆要提前几天调制好备用，必须冷却后才能使用，不可使用热的糖浆。

2）在加入面粉之前，糖浆和油脂必须充分乳化。

3）面粉应逐次加入，最后留少量面粉调节面坯的软硬度。

4）面坯调好以后，在加工成型的过程中存放时间不宜过长，否则面坯容易上劲，影响产品质量，存放时间在1个小时之内最适宜。

5）可使用中筋粉或低筋粉调制浆皮类面坯。

6）一般采用烤制方法成熟，根据情况调整烤制时间、烤制温度等。

6.3.5 豆类制品制作技术要求

1）调制时应根据原料的特点和成品的要求灵活掌握掺入其他粉料的数量。

2）控制面坯软硬度和黏度，突出豆类自身的特殊风味。

3）豆类制品一般是先成熟后成型，成熟时要蒸透煮透，后期可改刀或用模具成型。

6.3.6 鱼虾蓉制品制作技术要求

1）选择新鲜的鱼肉、虾肉来制作。

2）鱼虾蓉要粉碎得细腻均匀。

3）鱼虾蓉一定要搅拌上劲。

4）掺入适量的淀粉应拌和均匀。

5）鱼虾蓉类制品通常采用煮制、蒸制方法成熟，要煮透或蒸透。

6.3.7 羹汤类制品制作技术要求

1）根据地方特色，选择制作原料。

2）按照烹调习惯煮汤制羹。

3）烹调火候和加热时间必须到位。

技能训练 11　像生雪梨

1. 原料配方

（1）坯料　土豆泥150克，糯米粉75克，澄粉50克，开水50毫升，白胡椒粉1克。

（2）馅料　五香牛肉100克，洋葱50克，蚝油10克，水淀粉5克，盐4克。

（3）辅料　鸡蛋1只，面包糠100克，色拉油500毫升（实耗约100毫升）。

2. 制作过程

（1）馅心调制　取少许五香牛肉切成粗火柴梗丝当梨梗。剩余的五香牛肉切小粒，洋葱切粒。锅上火烧热，加少许色拉油，放入洋葱粒煸香，加入五香牛肉粒炒匀，加入盐、蚝油调味后用水淀粉勾芡，起锅冷却成馅心。

（2）粉团调制　将澄粉倒入容器中，加开水，搅拌成团，加入土豆泥、糯米粉和白胡椒粉揉匀成团。

（3）生坯成型　将粉团搓成长条，下剂、捏扁，包入馅心，捏拢收口向下。顶部插上一根牛肉丝做梨梗，捏紧。用手捏成雪梨形。裹上蛋液，滚粘面包糠成雪梨生坯。

（4）生坯熟制　油锅上火，待油温升到120℃，放入生坯，炸至金黄色时捞出。

3. 操作关键

1）土豆要买老土豆，水分较少，淀粉含量比较高，有利于制品成型。

2）土豆要带皮煮熟后去皮压成泥。

3）包馅不能太多，否则成熟受热后容易开裂。

4）炸制时控制好油温。

4. 质量标准

色泽金黄，雪梨造型，外酥里嫩，口味香鲜。

技能训练 12　土豆饼

1. 原料配方

（1）坯料　土豆500克，糯米粉120克，白糖100克，奶粉10克，黄油50克。

（2）辅料　色拉油300毫升（实耗约50毫升）。

2. 制作过程

（1）粉团调制 将土豆洗净煮熟后去皮，压成泥后加糯米粉、奶粉和熔化的黄油揉成团。

（2）生坯成型 将晾凉的粉团揉匀下成剂子，揉成球状后压扁。

（3）生坯熟制 将平底锅烧热，放入少量色拉油，排入土豆饼煎至两面金黄成熟即可。

3. 操作关键

1）按照原料配方准确称量投料。

2）粉团要拌和均匀。

3）粉团搓条下剂应分量一致。

4）注意煎制火候，先大后小，定型上色成熟。

4. 质量标准

色泽金黄，圆饼形状，外酥内嫩，口味香甜。

技能训练13　紫薯饼

1. 原料配方

（1）主料 紫薯500克，糯米粉35克，牛奶50克。

（2）辅料 白芝麻15克，红豆沙馅100克，色拉油100克。

2. 制作过程

1）紫薯洗净，去皮切片，蒸熟。

2）用勺子把蒸熟的紫薯压成泥，加糯米粉、牛奶揉成面坯。

3）把揉好的紫薯面坯分成小剂子，红豆沙馅搓成球备用。

4）把紫薯面坯小剂子压扁后包入红豆沙馅，包好后压成圆饼。

5）圆饼粘上白芝麻。

6）平底锅倒入适量油，待油稍热后放入紫薯饼生坯，转小火慢煎一小会后翻面继续煎，再翻面煎至两面金黄即可。

3. 操作关键

1）紫薯泥一定要压碎压细。

2）紫薯面坯分成小剂子，大小要一致。

3）白芝麻要粘均匀。

4）煎制时火候先大后小。

4. 质量标准

色泽金黄，外脆里嫩。

技能训练14 船点——和平鸽、白鹅、核桃、西瓜

1. 原料配方

（1）坯料　澄粉500克，开水700毫升。

（2）馅料　豆沙馅或果仁馅220克。

（3）辅料　苋菜红食用色素0.1克，黑芝麻16粒，绿茶粉1克，柠檬黄食用色素0.1克，可可粉1克。

2. 制作过程

（1）粉团调制

1）将澄粉放入碗中用开水一边冲，一边搅，加盖闷5分钟左右。

2）案板上抹油，将粉团揉匀。

3）将粉团分成5块，1块400克，4块200克。取4块均大的粉团分别加入苋菜红食用色素、绿茶粉、柠檬黄食用色素和可可粉揉匀揉透，分别形成红色粉团、绿色粉团、黄色粉团、褐色粉团，以及没有添加食用色素的白色粉团。

（2）生坯成型

1）和平鸽。取少许红色粉团做成鸽爪、嘴、眼睛；另取少许白色粉团搓长，摘成4个剂子，包上馅心，收口捏紧朝下，捏出鸽头、鸽尾。头两侧按上两粒红色粉团做眼睛，头前端按上搓尖的红色粉团做鸽嘴，尾部用木梳按出尾羽，再在身体两侧各剪出一只翅膀，用木梳按出翅羽，最后在身体的下端按上用红色粉团做成的鸽爪，即成生坯，上笼蒸熟即可。

2）白鹅。取适量黄色粉团和红色粉团揉成橙色粉团。另取少许白色粉团搓长，摘成4个剂子，包上馅心，收口捏紧朝下，将一头搓长捏出鹅头、长鹅颈，向上弯起，另一头捏尖翘起按扁，用木梳印上齿纹，翘起做鹅尾。鹅头上按上橙色粉团做鹅冠，在鹅头两侧用两粒橙色粉粒按上黑芝麻做成鹅眼睛；鹅身体两侧用剪刀剪出两只翅膀，用木梳印上翅羽，最后在身体的下端按上用橙色粉团做成的鹅爪，即成生坯，上笼蒸熟即可。

3）核桃。取褐色粉团揉匀搓长下剂，逐个按扁，包入馅心，收口捏紧朝下，搓成圆形，

底部略平。先用花钳夹出一圈（底部不夹）隆起的凸边，再用鹅毛管在两侧印上不规则的圈纹，逐个做好，即成生坯，上笼蒸熟即可。

4）西瓜。先取1/3绿色粉团做成西瓜的瓜蔓，再将剩余的绿色粉团搓成长条，摘成剂子，把每个剂子搓圆按扁，再把褐色粉团搓成细长条，在每个绿色圆皮上按上三四根褐色条，翻面包入馅心，收口捏紧搓圆朝下，在西瓜的一端点上褐色的瓜蒂，另一头插上瓜蔓，即成生坯，上笼蒸熟即可。

3. 操作关键

1）按原料配方准确称量投料。

2）根据具体蔬菜、瓜果、小动物等品种，肖物象形。

3）面坯色彩调制要自然。

4）生坯熟制时间不宜太长。

4. 质量标准

色彩鲜艳，形态逼真，工艺精细，造型别致。

技能训练15　杏仁酥

1. 原料配方

（1）坯料　面粉550克，绵白糖200克，植物油250克，鸡蛋20克，小苏打5克，水50克。

（2）饰料　面粉10克，杏仁50克。

2. 制作过程

（1）面坯调制　将鸡蛋液打入碗内，加绵白糖搅匀，加水和小苏打拌和后再加入植物油，再次搅拌均匀，筛入面粉调成软硬适宜的酥性面坯。

（2）生坯成型　将调好的面坯下成小剂子，做出厚1.5厘米、直径3厘米的圆饼，中间按一个窝，放一个杏仁，排入烤盘。

（3）生坯熟制　烤箱以180℃预热，将排好生坯的烤盘送入烤箱内，烤成麦黄色，色泽一致，熟透即可出炉。

3. 操作关键

1）按原料配方准确称量投料。

2）和面时要搅匀擦匀。

3）烤制时注意温度与时间。

4. 质量标准

色泽麦黄，厚薄均匀，疏松适口，具有杏仁香味。

技能训练 16 莲蓉甘露酥

1. 原料配方

面粉500克，绵白糖150克，鸡蛋3个，熟猪油220克，泡打粉5克，蛋黄液50克，莲蓉馅300克。

2. 制作过程

（1）面坯调制 将面粉过筛，放在案板上围成圈，中间放入鸡蛋液、绵白糖、泡打粉、熟猪油混合，然后拌入面粉和匀、稍醒，分成小剂子即成甘露酥皮。

（2）生坯成型 用甘露酥皮包莲蓉馅，皮与馅的比例为2：1，包成球形，放进烤盘，刷蛋黄液后晾干。

（3）生坯熟制 再刷一次蛋黄液后入烤箱，用180℃烤至金黄色（大约25分钟）、有裂纹，即成莲蓉甘露酥。

3. 操作关键

1）按照原料配方准确称量投料。

2）面坯要揉匀醒制。

3）刷两次蛋黄液，使之容易上色。

4）注意烤制温度和时间。

4. 质量标准

色泽金黄，饼呈球形，油润香滑，松化可口，具有莲蓉香味。

技能训练 17 香草饼干

1. 原料配方

黄油120克，糖粉60克，鸡蛋2个，低筋面粉150克，迷迭香1克，薰衣草1克。

2. 制作过程

（1）面坯调制 将黄油软化，和糖粉一起放入盆中用打蛋器搅打均匀，加入鸡蛋搅拌均匀成糊状，再加过筛的面粉和成面坯，最后加入切碎的迷迭香、薰衣草拌匀。

（2）生坯成型 将面坯擀成薄片，再用模具压出造型，放入烤盘。

（3）生坯熟制 放入烤箱用190℃烤约10分钟，即可。

3. 操作关键

1）按照原料配方准确称量投料。

2）制作时选用低筋面粉。

3）面坯要揉匀。

4）注意烤制温度和时间。

4. 质量标准

色泽金黄，香味浓郁，酥脆爽口。

技能训练 18　广式月饼

1. 原料配方

（1）主料　面粉200克，植物油50克，转化糖浆150克，碱水2克，盐少许，咸蛋黄20个，米酒100克。

（2）馅料　月饼馅1200克。

（3）饰料　蛋黄4个，水或植物油 2大匙。

2. 制作过程

1）把植物油、转化糖浆、碱水及盐放入容器中，微波炉加热几十秒，至糖浆变稀。筛入面粉，用橡皮刀拌匀，做成柔软的月饼皮。覆盖保鲜膜，室温下放置4小时以上。

2）咸蛋黄在米酒里泡10分钟去腥，然后放入烤盘中，不用预热烤箱直接烤，160℃烤7分钟，取出晾凉。

3）分割月饼皮：如果做大月饼，把月饼皮分成16份，每份25克；如果做小月饼，每份10克，共40份。

4）分割月饼馅：如果做大月饼，把月饼馅分成16份，每份75克，分别包好咸蛋黄搓圆；如果做小月饼，每份30克，共40份，分别包半个咸蛋黄，搓圆。

5）包月饼：手掌放一份月饼皮，用两手压平，上面放一份馅心。一只手轻推馅心，另一只手的手掌轻推月饼皮，使月饼皮慢慢展开，直到把馅心全部包住为止，做成月饼球。这个技巧很重要，可以保证月饼烤好后皮馅不分离。月饼模具中撒入少许干面粉，摇匀，把多余的面粉倒出。包好的月饼表皮也轻轻地抹一层干面粉，把月饼球放入模具中，轻轻压平，力度要均匀。然后上下左右都敲一下，就可以轻松脱模了。依次做完所有的月饼。

6）烤箱预热至220℃。在月饼表面轻轻喷一层水，放入烤箱最上层烤5分钟。取出刷蛋黄液，同时把烤箱调低至150℃，再把月饼放入烤箱烤7分钟。取出再刷一次蛋黄液，再烤5分钟，或烤到自己喜欢的颜色为止。

7）把烤好的月饼取出，放在架子上完全冷却，然后放入密封容器中放两三天，使其回油，即可食用。

3. 操作关键

1）要选择转化糖浆。

2）因为每个人使用的转化糖浆浓度不同，所以在做月饼皮时要以饼皮的柔软度为准。

3）加碱水的目的有两个，一是为了上色，二是中和转化糖浆的酸性。没有碱水就用等量的小苏打水代替。

4）月饼的馅不能太稀，否则烤的时候会露馅。

5）由于月饼模具不同，如果不确定馅料大小，可以先用保鲜膜包着月饼馅放进模具中试验，就能知道模具需要的馅料大小。

6）馅心中如果不放咸蛋黄，换成和咸蛋黄同体积的馅也可以。

7）广式月饼的皮不能太厚。

8）烤月饼时，温度高了，表面的花纹就不明显了，所以一定要低温烘焙。

9）月饼最后一次进烤箱时，可以只用上火，上色更快。

10）刷蛋黄液可增加饼皮表面光泽。蛋黄液要稠度适当，刷子能拉开，薄薄地刷上两层，过厚会造成烘烤时着色过深，还会影响花纹的清晰度。

4. 质量标准

表面呈棕黄色或棕红色，有光泽，花纹清晰，饼皮松软。

技能训练 19　绿豆糕

1. 原料配方

去皮绿豆400克，绵白糖80克，糖桂花25克，黄油130克。

2. 制作过程

1）去皮绿豆提前浸泡6小时。

2）把泡好的绿豆上旺火沸水锅，大火蒸30分钟。

3）把蒸好的绿豆放入料理机打成蓉。

4）把黄油放入不粘锅，加热至熔化，放入绿豆蓉小火炒，再加入绵白糖、糖桂花，炒到绿豆蓉变干，手搓成团即可（如果打得不够细，则再过一次80目筛）。

5）把炒好的绿豆泥分成50克一个，放入模具中轻压出模。

6）放入冰箱冷藏后食用更佳。

3. 操作关键

1）按照原料配方准确称量投料。

2）小火炒制，以免煳锅。

3）模具内可抹少许熟油，方便脱模。

4. 质量标准

口感软糯，具有黄油的香味。

技能训练 20　豌豆黄

1. 原料配方

白豌豆750克，白糖250克，红枣75克，琼脂10克，碱水10毫升，清水适量。

2. 制作过程

（1）粉团调制　将红枣洗净，煮烂去核制成枣汁；琼脂用冷水泡开，加水煮至熔化。将煮锅上火，加清水、白豌豆、碱水，开锅后用小火煮约1.5小时，过筛成细豌豆泥。

（2）制品成型　煮锅上火，加入豌豆泥、白糖、红枣汁、琼脂液搅拌均匀，翻炒至起稠，倒入不锈钢方盘内，晾凉，入冰箱冷藏，食用时改刀成小方块或菱形块，装盘即可。

3. 操作关键

1）按原料配方准确称量投料。

2）煮豌豆时不宜用铁锅。

4. 质量标准

色呈淡黄，块状成型，细腻香甜，入口即化。

技能训练 21　红豆凉糕

1. 原料配方

红豆沙200克，温水400毫升，白糖100克，琼脂25克。

2. 制作过程

（1）粉团调制　将红豆沙放入干净的盘中，与温水混合搅匀。琼脂用凉水泡开，沥去水分。锅中加200毫升水，放入琼脂，烧开至熔化，倒入豆沙水，小火慢慢搅拌，加入白糖烧开，继续中小火煮10分钟，煮的过程中要不断搅拌，以免煳底。

（2）生坯成型 倒入方盘，晾凉后放冰箱冷藏1小时，取出搅匀，再次冷藏3小时，取出切块即可。

3. 操作关键

1）按原料配方准确称量投料。

2）红豆沙与温水搅拌均匀后最好过滤一下，保证没有颗粒。

3）煮豆沙和琼脂水的过程中要不断搅拌，以免煳底。

4）利用琼脂的特性冷藏成型。

4. 质量标准

色泽浅红，块状成型，口味甜爽，口感软糯。

技能训练22 虾饺

1. 原料配方

虾仁150克，猪肉芹菜馅200克，葱姜酒汁35克，清水适量，面粉100克，盐1克，鸡蛋清1只，生抽10克，醋5克，芝麻油5克，味精0.5克，开水适量，葱花5克。

2. 制作过程

（1）打蓉 虾仁洗净，沥干水分，放入搅拌机中，加入葱姜酒汁搅打成蓉。

（2）面坯调制 将虾蓉取出，加入面粉、盐拌匀成团，搓条下剂，按压成坯皮。

（3）包馅 坯皮四周抹一圈鸡蛋清，中间放上猪肉芹菜馅，对折，将周边压紧成型，做成虾饺。

（4）煮制 煮锅放水烧开，下入包好的虾饺，烧开后改用中火，保持微沸，点3次水，将虾饺养熟。

（5）装碗 碗中放入生抽、醋、芝麻油、味精，加入适量开水，舀入虾饺，撒上葱花即可。

3. 操作关键

1）按照原料配方准确称量投料。

2）虾仁打蓉时加上葱姜酒汁，以去腥味。

3）煮制时要适当点水。

4. 质量标准

坯皮爽滑，口感劲道，馅心鲜美。

技能训练23　鱼饺

1. 原料配方

鳜鱼肉150克，猪肉芹菜馅200克，葱姜酒汁35克，清水适量，澄粉100克，鸡蛋清1只，生抽10克，醋5克，芝麻油5克，味精0.5克，开水适量，葱花5克。

2. 制作过程

（1）**腌制**　鳜鱼肉洗净，切成块，用葱姜酒汁腌制10分钟。

（2）**敲皮**　将鳜鱼肉块加上澄粉拌匀，用擀面杖慢慢敲，形成一张坯皮，用剪刀修剪成圆皮。

（3）**包馅**　坯皮四周抹一圈鸡蛋清，中间放上猪肉芹菜馅，对折，将周边压紧成型，做成鱼饺。

（4）**煮制**　煮锅放水烧开，下入包好的鱼饺，烧开后改用中火，保持微沸，点3次水，将鱼饺养熟。

（5）**装碗**　碗中放入生抽、醋、芝麻油、味精，加入适量开水，舀入鱼饺，撒上葱花即可。

3. 操作关键

1）按照原料配方准确称量投料。

2）鱼块用葱姜酒汁腌制，以去腥味。

3）敲制时裹上少量澄粉，力度适宜，坯皮成型后用剪刀修边。

4）煮制时要适当点水。

4. 质量标准

坯皮爽滑，口感劲道，馅心鲜美。

复习思考题

1. 其他面坯的常见种类有哪些?
2. 简述薯类面坯的调制方法。
3. 简述澄粉的特性及澄粉类面坯的调制方法。
4. 简述混酥类面坯的调制方法。
5. 简述糖浆熬制的工艺。
6. 简述豆类面坯的调制方法。
7. 简述鱼虾蓉面坯的调制方法。
8. 简述羹汤、胶冻原料的特性。

项目 7

面点装饰

- 面点装饰
  - 成品装盘
    - 装盘的基本方法和操作要点
      - 装盘的基本方法
      - 装盘的操作要点
    - 构图的基本方法
    - 装盘配色的基本要求
      - 坚持本色
      - 少量缀色
      - 适当配色
  - 成品装饰
    - 常用的装饰方法
      - 点绘法
      - 线描法
      - 平涂法
      - 晕染法
      - 镶嵌法
      - 盖印法
      - 拼摆法
    - 盘饰方法
      - 盘饰常用的基本方法
      - 面点盘饰操作要点
    - 技能训练1　包子的装盘
    - 技能训练2　点缀盘饰——玫瑰盘饰
    - 技能训练3　点缀盘饰——寿桃盘饰

7.1 成品装盘

面点装盘时，首先选择合适的餐具，盘、碗、碟、盅或异形餐具等；其次，选用合适的装盘方法，舀、放、提、移、夹等手法各有所妙；最后根据具体的情况进行适当地装饰美化，使其和谐美观。

面点装盘的方法多样，一是可以利用面点本身的造型特点来进行装盘，如莲藕酥、荷花酥等；二是可以借助装饰型餐具组合形成拼摆，如花托、纸垫、纸杯、荷叶、小花篮等。

7.1.1 装盘的基本方法和操作要点

我国面点制作源远流长，具体品种成百上千，丰富多彩，且都具有不同的地方特色。这些制品按完成后的形态可分为饭、粥、糕、团、饼、粉、条、包、饺、羹、冻等，其中，大多数面点品种形状简洁朴实，少部分为花色面点，具有多彩多姿的造型。

1. 装盘的基本方法

面点的装盘拼摆一般有以下几种形式。

（1）排列式　将单个体面点按一定的顺序排列，如从中间排向四周的圆形、三角形、菱形，排列较为整齐，可形成较完整的形体，这种摆法较为普遍。

（2）倒扣式　把加工制作的制品按一定的方法（或图案）码在碗中，蒸制后把成品倒扣于盘中成完美的形状，如八宝饭、山药糍等。

（3）堆砌式　把单个体面点自下而上堆砌成一定形状，如馒头、烧饼、春卷、糕的堆放等。

（4）各客式　甜羹类、水煮类、煎烤类点心可用小汤盅、小碗、铝盏、纸杯等盛装，每客一份，由服务员分别送于宾客食用，这种装盘比较简单，一般不需装饰，有时可用小分量的水果、蔬菜做点缀，如红樱桃、绿樱桃、橘瓣、香菜、小菜心等，代表品种有橘络元宵、藕粉圆子、鸡汁馄饨等。

2. 装盘的操作要点

（1）点心装盘在色彩上要与餐具相搭配　最常见色彩的配比方式为对比法。在色彩上，没有对比会使人感到单调，但过分强烈的对比也会使人感到不和谐。装盘时应了解红、黄、蓝为原色；红与绿、黄与紫、橙与蓝为对比色；红、橙、黄、赭是暖色；蓝、绿、青是冷色。因此，一般来说，夏季点心宜用冷色调餐具；冬季点心宜用暖色调餐具；秋季节，点心装盘宜选中性色调的餐具。无论哪种点心与餐具搭配时，切忌“靠色”。如将白色点心装盛在白色盘中，既显不出点心的暄软，又体现不了餐具的特色。如果改装在花边盘或有色盘中，便会产生和谐悦目的效果。

（2）点心装盘要讲究餐具的质地　餐具材质异彩纷呈，但没有哪一种质地的餐具能像瓷器那样使用广泛。它坚固耐用，不易吸水，清洁美观，雅俗共赏。因而无论居家还是经营餐馆，大都喜欢采用瓷器。但有时在选择盛器的材质时，还要考虑客人的身份地位和兴趣爱好等。但无论选择哪种材质制成的盛器，都必须符合食品卫生的标准与要求。

（3）点心装盘时应注重餐具形状相一致　餐具的造型可分为几何形和象形两大类。几何形多为圆形和椭圆形，也有方形、长方形和扇形，是近年使用较多的盛器；象形餐具可分为动物造型、植物造型、器物造型和人物造型。动物造型有鱼、虾、蟹、贝壳、鸡、鸭、鹅、鸳鸯、蝴蝶等造型。植物造型有树叶、竹子、蔬菜、水果、花卉等造型。器物造型有扇子、篮子、坛子、建筑物等造型。人物造型有民间传说中的八仙造型，如宜兴的紫砂八仙盅等。

不同造型的餐具能与各种点心相协调，点明宴席与点心主题，以引起食用者的联想，从而达到渲染宴席气氛的目的。同时，餐具本身的各种造型能起到美化点心的作用。

（4）点心与餐具在空间上要和谐　装盘时，“依器度形，依器度量”，讲究的就是餐具与点心高度之间的尺度比例要合适。点心的装盘讲究一定的空间架构，中式点心大多为单个逐只成型，立体感强，所以在装盘时，通常利用叠、排、摆等手法装盘成型。盘中点心的数量、大小、高低等要与装盛的餐具的大小、形状相适应。点心与餐具的搭配也是这个道理，点心的空间架构要和餐具的大小相称，才能有美的感官效果。

（5）点心装盘应注重围边装饰　餐具有花色和单色两类，花色餐具是指餐具内描有图案的类型，又有釉上彩与釉下彩之分，大多反映了一定的主题，如嫦娥奔月、鲤鱼跳龙门、荷塘戏莲等；单色餐具是指餐具浑然一色，一白俱白、要绿同绿。对于花色餐具，点心装盘时应切中或合乎餐具图案的主题。如金鱼船点可采用荷塘戏莲的花色餐具；海棠酥可采用嫦娥奔月的花色餐具等，使餐具上的图案与点心的形状相得益彰。

对于大多数单色餐具来说，在点心装盘时，通常采用点心围边装饰的方法，使点心与餐具协调生辉。所谓点心围边装饰，是指利用点心以外的可食性物料，如澄粉面坯、琼脂、面塑、奶油等，通过一定的加工方式，对点心色泽、形态等方面加以美化的一种技法。通过恰如其分的美化处理，使点心装盘后达到色、香、味、形、餐具等的和谐统一。

点心装盘时围边装饰的具体手法有围边、点缀等。利用可食性的原料加工制作、捏制、裱制小的象形点心或花鸟虫鱼图案，在色彩、形状等方面对主体的点心品种起到一定的衬托作用。

总之，点心的装盘需要有一定的美学基础，还需要有一定技法，但不管在什么情况下，切不可本末倒置，片面追求华丽的装盘，忽视主体点心的质量。应在保证主体点心品质的前提下，适时适当运用一些装盘技巧，锦上添花。

7.1.2 构图的基本方法

现代中式面点装盘在构图上通常参照西式面点的构图法，常见的12个摆盘构图法如下。

（1）整体构图　这种构图法的特点是点心本身就是一个背景，一般用于整个蛋糕、比萨、派等类的甜品。

（2）C字形构图　把主体和配件摆成C字形，让静态的点心富有动态感。

（3）中央构图　这种构图法让人的视觉聚焦在中央的主体上，画面冲击力强，通常只摆放一个点心。

（4）对角线构图　在盘中的对角摆放点心，生动活泼的构图，让人感觉心情愉悦。

（5）直线构图　常用的摆盘手法之一，将点心笔直地排列在盘子的中线，将盘子平分为二，两边留白，显得简洁、大气。

（6）棋盘式构图　看似随意地将各种点心摆在盘子上，有“大珠小珠落玉盘”的感觉。

（7）放射性构图　主体为核心，配件向四周扩散，让人的注意力集中到主体，又有开放、舒展、扩散的作用。

（8）三分构图　将盘子的表面分割为三等分，1:1:1的画面比例可以有重点地突出点心主体。

（9）S形构图　曲线比直线让人感觉更加柔和，使点心造型变得更加丰富。S形构图不一定为规规矩矩的S形，在摆盘的时候可以适当地变形，造型显得更活泼。

（10）消失点构图　点心呈一字形排放延伸可以让画面更具有冲击力，将人的视线引导至消失点，使画面空间感更强。

（11）垂直构图　将多个点心往上叠起摆放，或者借助面塑等配件立体装盘，营造空间感。

（12）平行线构图　这种摆盘让人感觉方向性很强，很有条理，规整笔直，更能体现出面点师的细致。

整体构图

C 字形构图

中央构图

对角线构图

直线构图

棋盘式构图

放射性构图

三分构图

S 形构图

消失点构图

垂直构图

平行线构图

7.1.3 装盘配色的基本要求

面点的色彩是面点造型的重要组成部分。面点的色与形总是首先进入食客的感官，能起到先声夺人的作用。美的色彩可诱人食欲，因此正确地认识及运用色彩，能使面点制作更加绚丽多彩。

厨房面点使用的色彩包括天然食用色素和人工合成食用色素两大类。天然食用色素直接来自动、植物原料中。如红色有红曲粉、红苋菜汁、番茄酱等；黄色有蛋黄、南瓜泥、胡萝卜素、姜黄素、松花粉、蟹黄等；绿色有菜松、菠菜汁、丝瓜叶汁、麦叶汁等，他们经食品级熟石灰（食品级氢氧化钙）处理后能保持青翠不发黄；棕色有可可粉、豆沙、红糖等；褐色有酱油等；黑色有黑芝麻、黑木耳等；白色有面粉、米粉、澄粉、蛋清等。

人工合成食用色素是化学工业发展的产物，我国目前允许使用的有苋菜红、胭脂红、柠檬黄、靛蓝等。这种色素色泽鲜艳，着色力强，使用方便，调和后色调多样，食品生产中使用广泛，但必须严格按照《中华人民共和国食品安全法》规定的使用量，不可使用未经允许使用的化学合成色素。面点毕竟是吃的艺术，其色彩的运用应始终以食用为出发点。

装盘配色应满足以下几点。

1. 坚持本色

在面点装盘的过程中要坚持本色。坚持本色是指保持点心坯皮原有的本色，这是烹饪色彩运用中的上策。这样装盘的面点色泽自然，也符合卫生要求，有利于发挥本味，制作也方便，是面点装盘的首选。

2. 少量缀色

即在坚持本色的基础上，装盘时点缀一些色彩，适当装饰。点缀的原料应为常见的可食原料，如葱煎馒头，可在洁白的馒头上点缀上碧绿的葱花。苏式糕团中常加果料点缀，果料具有天然丰富口感的同时，也起了缀色作用。

3. 适当配色

装盘时的配色又分为顺色配、花色配两种。顺色配即主色和配色都是相近色，如梅花饺中代表5瓣梅花的黄色是蛋黄糕末，中间代表花蕊的是红色的火腿末，红黄两种色彩都是暖色，属相近色，色调和谐。花色配是利用不同原料的色彩互相搭配衬托，形成美丽的色调。如绿茵玉兔饺运用花色配方法，白兔洁白如玉，菜松碧绿如茵，使人感到色调清新明亮；四喜饺的四色区别也是运用了色调的冷暖对比。花色配应考虑色彩的色相、明度、冷暖、面积等关系，妥善掌握，使面点配色和谐清新、丰富多彩。

7.2 成品装饰

7.2.1 常用的装饰方法

面点装饰常用的技法有点绘法、线描法、平涂法、晕染法、镶嵌法、盖印法和拼摆法。

1. 点绘法

点绘法是用许多细小的点构成整幅图像的艺术表现手法。如在裱花蛋糕中，侧面的点缀和表面的描画都可以采用此法。

2. 线描法

线描法也叫白描，即单纯的用线画画。在线描中线条可以有许多变化，如长短、粗细、曲直、疏密、轻重、刚柔和有韵律等。在裱花蛋糕的装饰中，常采用此法。

3. 平涂法

平涂法是常用的蛋糕装饰技法之一，简便易学。平涂法有两种：一是勾线平涂，二是无线平涂（亦称为没骨平涂）。装饰蛋糕的表面大面积涂抹或淋涂果酱常用此法。

4. 晕染法

晕染法是从意大利语中“明暗”一词演变而来，晕染法将色调之间的变化完美融合。通常运用在裱花蛋糕的着色中。

5. 镶嵌法

镶嵌法就是将辅助原料直接嵌入生坯或半成品上，用此法成型的品种不再是原来的单调形态和色彩。镶嵌物可随意摆放，但更多的是拼摆成有图案的几何造型。镶嵌时，须利用食品原材料本身的色泽和美味，经过合理的组合与搭配，镶嵌在食品表面，以增加成品的色泽和口味。镶嵌是一种美化成型工艺，操作无一定的规范手法和要求，具体可分为以下几种方法。

1）直接镶嵌：如枣糕、枣饼、蜂糖糕等，成熟前在糕坯上镶上几粒红枣肉、青红丝等，要求配料分布匀称。

2）间接镶嵌：即把各种配料和粉料拌和在一起，制出的成品表面露出配料，如赤豆糕、百果年糕、五仁玫瑰糕等，要求配料分布均匀。还有将配料分层夹在坯料中的，如夹沙糕、三色糕等，要求夹层厚薄均匀，夹馅不宜太厚，防止与糕坯分离。

3）借助器皿镶嵌：如八宝饭、山药糕、喇嘛糕等则是先把配料铺放在碗底，摆成各式图案，加熟糯米、馅心等平然后蒸熟，取出倒扣于盘内，表面形成图案。要求色彩搭配要和谐。

此外，还有将配料填在坯料本身的洞腹中。如糯米甜藕，即是将糯米填入藕孔中，盖上，制熟晾凉，切片即为红藕嵌白米。

6. 盖印法

在糕点表面直接盖上印章图案的装饰点心技法叫盖印法。这种装饰法通常用在一些传统的具有礼仪印记的糕点上，如我国南方盖印的方糕、圆馒头主要用于婚嫁等喜庆场合。

7. 拼摆法

拼摆法是指将面点的一些独立成型的品种通过布局拼摆的方法使之达到装盘和装饰的效果。

7.2.2 盘饰方法

面点的盘饰俗称围边，即在面点盛器内点缀可食性的装饰物，以装饰美化面点造型，提高视觉效果，从而增进宾客食欲，给人以欢乐的情趣和艺术的享受。

面点盘饰常在装盛面点的盘（碟）子边沿、一角、正中或底面进行，主要针对面点具体品种进行装饰、点缀，使盘饰与面点品种浑然一体，体现色、形、意俱佳的艺术效果。所以盘饰的品种多以色艳、象形、写意的形式出现，常见的有时果、花草、鸟兽、虫鱼、徽记、山水、楼阁、人物等制品。

1. 盘饰常用的基本方法

（1）围边　这是使用最多的盘饰方法，即在盛器的内圈边沿围上一圈装饰物。如用各种有色面坯相互包裹，揉搓成长条形，再用美工刀切成圆片、半圆片或花形片，围边点缀，烘托面点的造型。

（2）边缀　边缀也是一种常用的盘饰方法，即在盛器的边缘等距离地点缀上装饰物。如用澄粉面坯制作喇叭花、月季花、南瓜藤等在对称、三角位处摆放，起到一定的装饰效果。

（3）角花　角花是当前最为流行的一种盘饰方法，即在盛器的一端或边沿放上一个小型装饰物或一丛鲜花。如用澄粉面坯制作小鱼小虾、小禽小兽，点缀以小花小草或直接用鲜花做陪衬，使整盘面点和谐美观。

（4）大手笔　这种盘饰手法，主要用于面点品种展示、比赛，以增强艺术效果。如采用面塑制作的人物、亭台楼阁、风景等装饰，创造整盘面点的意境，引人入胜。

面点盘饰除了采用以上几种常见的手法外，还应注意利用各种配器和垫衬物来加以美化。如为了突出面点品种的艺术效果，常选择菱形盘、柳叶碟、水晶盅、小圆笼、漆盒、红木托、紫砂盘等特殊器皿盛装，在盛器底部还可以垫上荷叶、纸托、绢纱、草编垫等，使点心更加赏心悦目，味美，形色也美。

2. 面点盘饰操作要点

（1）面点以食用为主，盘饰美化为辅　所用盘饰制品，应是熟制品和可以直接食用的加工制品，不影响整盘面点的食用卫生要求。

（2）盘饰制品的色泽应鲜艳明快　盘饰制品常用面点工艺中卧色法和套色法配色，制作时，要注意色彩的纯度，多用暖色调（红、黄、橙），慎用冷色调（蓝、绿）。

（3）盘饰制品造型应简洁、明了、自然　在盘饰制作过程中，常选用人们喜闻乐见、形象简洁的素材，如花、鸟、虫、鱼等。制作时要善于抓住对象的特征，创造出形象生动的制品，做到既简洁又迅速，少用过分逼真、费工费时又易污染的盘饰制品。

（4）盘饰制品应与面点制品主题相近或相配　只有盘饰制品与面点制品相互呼应，盘饰才能起到辅助美化作用，才能创造和谐的意境，使整盘面点生色，从而展现现代盘饰的魅力。

技能训练 1　包子的装盘

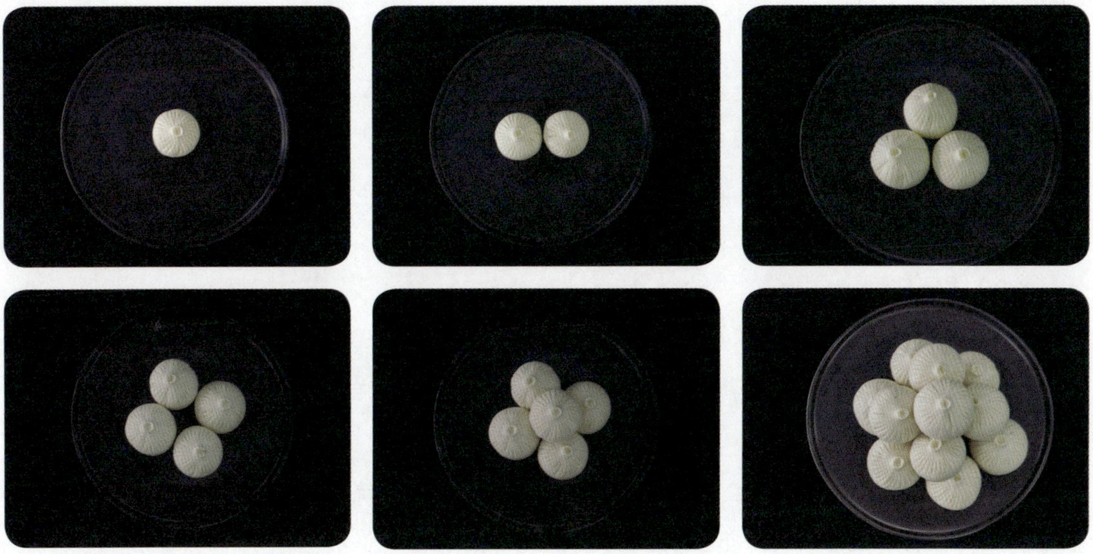

1. 原料配方

包子若干。

2. 制作过程

在传统面点的装盘技法中，单个品种放在盘中心，两个装的呈平行状，三个装的呈品字形，四个装的呈田字格，五个装的四平一高呈双层形，再多就顺次堆高呈馒头形、宝塔状，装盛以简洁、丰满为度。

3. 操作关键

1）包子要大小一致。

2）餐具色彩宜与包子的色泽有对比。

3）根据盘子的大小、形状来拼摆。

4. 质量标准

色泽洁白，装盘典雅。

技能训练 2　点缀盘饰——玫瑰盘饰

1. 原料配方

（1）坯料　澄粉45克，糯米粉5克，清水70毫升。

（2）辅料　粉红色食用色素0.1克，橙色食用色素0.1克，绿色食用色素0.1克，色拉油10克。

2. 制作过程

（1）粉团调制

1）澄粉与糯米粉拌匀。

2）将锅上火，加入清水烧沸，关火，倒入粉料，搅拌均匀，盖上盖子闷5分钟左右。

3）案板上抹油，将粉团揉匀。

4）将粉团分成3份，取一份加入粉红色食用色素调成粉红色粉团；一份加入橙色食用色素调成橙色粉团；一份加入绿色食用色素调成绿色粉团。

（2）生坯成型

1）将粉红色粉团搓长，压扁，一次制作出9片花瓣，由小到大包裹成玫瑰花形。

2）取少许橙色粉团，压扁，用牙签刮出少许碎粒，放在玫瑰花的中心部位即成玫瑰花生坯。

3）取少许绿色粉团，揉搓成橄榄状，用刀压成片，再用梳子按压出纹理成玫瑰花绿叶。将绿叶上涂一点水，沾到玫瑰花上。

（3）生坯熟制 将制好的生坯放入蒸笼，旺火沸水蒸4分钟，取出，刷上色拉油。

（4）盘饰点缀 将做好的小玫瑰放在平盘的三个角或一个角点缀即可。

3. 操作关键

调制有色粉团时可在手上抹少许色拉油，以防上色。

4. 质量标准

栩栩如生，点缀增色。

技能训练 3 点缀盘饰——寿桃盘饰

1. 原料配方

（1）坯料 澄粉45克，糯米粉5克，清水70毫升。

（2）辅料 粉红色食用色素0.1克，绿色食用色素0.1克，色拉油10克。

2. 制作过程

（1）粉团调制

1）澄粉与糯米粉拌匀。

2）将锅上火，加入清水烧沸，关火，倒入粉料，搅拌均匀，盖上盖子闷5分钟左右。

3）案板上抹油，将粉团揉匀。

4）将粉团分成三份，取一份加入粉红色食用色素调成粉红色粉团；一份加入绿色食用色素调成绿色粉团；剩下一份为白色粉团。

（2）生坯成型

1）取少许白色粉团搓圆压扁，包上少许粉红色粉团，搓圆，捏出桃尖，用刀背压出印痕。

2）取绿色粉团搓成水滴形，压扁，用刀背压出叶脉。

3）桃身上涂少许水，沾上叶子即成。

（3）生坯熟制 将制好的生坯放入蒸笼，旺火沸水蒸4分钟，取出，刷上色拉油。

（4）盘饰点缀 将做好的小寿桃放在平盘的三个角或一个角点缀即可。

3. 操作关键

烫粉时应烫匀烫透以防夹生。

4. 质量标准

寿桃逼真，点缀增色。

复习思考题

1. 简述装盘的基本方法和操作要点。
2. 简述构图的基本方法。
3. 简述装盘配色的基本要求。
4. 面点常用的装饰方法有哪些？
5. 面点的盘饰方法有哪些？

中式面点师（高级）理论知识模拟题

一、单项选择题（在下列每小题的四个备选答案中选出一个最佳答案，并将其字母标号填入题干的括号内）

1. 面点制馅常用的新鲜的水产类有（　　）等。
   A. 鱼、虾、蟹　　B. 鱼、虾、鳖
   C. 鱼、虾、螺　　D. 鱼、虾、蚌
2. 家畜内脏污物较重，（　　）较多，洗涤加工的方法也各有不同。一般有翻洗法、搓洗法、烫洗法、刮洗法、冲洗法、漂洗法等。
   A. 黏液　　B. 异味　　C. 黏性　　D. 异物
3. 青菜馅在制作前需要将青菜在（　　）中焯水。
   A. 冷水　　B. 温水　　C. 热水　　D. 沸水
4. 三丁馅的制作中一般不需要加（　　）。
   A. 猪肉丁　　B. 鸡肉丁　　C. 蘑菇丁　　D. 竹笋丁
5. 素三鲜馅制作过程中不需要加（　　）。
   A. 味精　　B. 酱油　　C. 醋　　D. 糖
6. 制作桂花白糖馅时所用的原料有糖桂花酱 100 克、白糖 500 克、熟面粉（　　）克、板油 75 克。
   A. 50　　B. 200　　C. 100　　D. 300
7. 冷水面坯的特性是色泽洁白，爽滑，有（　　），适合做面条、水饺、馄饨等。
   A. 软性、韧性和延伸性　　B. 糯性、韧性和延伸性
   C. 黏性、韧性和延伸性　　D. 弹性、韧性和延伸性
8. 钳花是运用各种钳花的小工具，在制好的（　　）上钳成一定的花形，形成多种多样的花色品种。
   A. 面坯　　B. 生坯　　C. 成品　　D. 表皮
9. （　　）面坯在包捏制品时，可以保持花纹细腻、均匀、不变形。
   A. 温水　　B. 发酵　　C. 冷水　　D. 混酥
10. 包捏白菜饺时（　　）要均匀，大小要一致，外形要美观。
    A. 三等分　　B. 四等分　　C. 五等分　　D. 六等分
11. 烙就是通过锅体受热后的（　　）作用使生坯成熟的方法。
    A. 热辐射　　B. 热对流　　C. 热传导　　D. 综合加热

12. 加水烙（   ）。

A. 在洒水前的做法与干烙完全一样　B. 在洒水后要盖上盖烙一会儿

C. 在洒水前的做法与干烙不完全一样　D. 在洒水前的做法与油烙完全一样

13. 对蔗糖在面点中的作用描述不正确的是（   ）。

A. 使成品达到香脆酥松的效果

B. 增加甜味，调节口味，提高制品的营养价值

C. 供给酵母菌养料，调节面坯发酵速度

D. 具有一定的防腐作用，延长制品的保质期

14. 关于乳在面坯中的作用，描述不正确的是（   ）。

A. 提高制品的营养价值

B. 具有一定的防腐作用，延长制品的保质期

C. 改善面点的色香味

D. 改善面坯的工艺性能

15. 面包品种胀发率大，非常膨松，所以用（   ）调团才能保证气体不逸出。

A. 高筋粉　B. 低筋粉　C. 中筋粉　D. 全麦粉

16. 矾、碱、盐制作的油条面坯必须和匀、（   ）。

A. 扎透　B. 醒透　C. 温度高　D. 揉透

17. （   ）的糕浆调制时，不可充分搅拌。

A. 蒸糕　B. 马拉糕　C. 发糕　D. 马蹄糕

18. 马拉糕在蒸制时需要先在（   ）内刷一层油，免得在蒸熟时影响形状。

A. 模具　B. 蒸屉　C. 蒸箱　D. 笼布

19. 层酥面坯按用料和调制方法的不同，可以分为水油皮酥、（   ）。

A. 糖水皮酥、蛋水皮酥、酵面皮酥

B. 糖水皮酥、酵面皮酥、蛋面皮酥

C. 糖油皮酥、酵面皮酥、蛋面皮酥

D. 糖油皮酥、酵面皮酥、蛋水皮酥

20. 关于水油面的调制要点不正确的是（   ）。

A. 正确掌握水、油、面粉的比例

B. 天热时，面坯可以用冰水来增加筋性

C. 天热时，面坯可以用高筋面粉来增加筋力

D. 揉成面坯后，上面要盖一层湿布，防干裂

21. 黄桥烧饼是用（   ）包干油酥起层后包馅成型。

A. 热水面　B. 发酵面　C. 水油面　D. 鸡蛋面

22. 烙制暗酥制品时要（　　），才能使制品表面着色均匀。

A. 保持低温　　B. 经常翻动

C. 保持高温　　D. 少量洒水

23. 黄桥烧饼的熟制：将烘炉加热，使之发烫。然后在烧饼生坯无芝麻的一面刷上一层（　　）。随刷随贴于炉壁上，烘烤 4~5 分钟，待饼面呈金黄色且饼身胀发时，即可用长铁钳钳出。

A. 冷水　　B. 温水　　C. 热水　　D. 糖水

24. 下列米中吸水率最大的是（　　）。

A. 糯米　　B. 粳米　　C. 籼米　　D. 玉米

25. 生粉团子下好的剂子一般用（　　）方法制皮包馅。

A. 擀皮　　B. 摊皮　　C. 按皮　　D. 捏皮

26. 蒸制生粉团制品不正确的方法是（　　）。

A. 一次蒸制成熟　　B. 旺火沸水

C. 多次翻动制品　　D. 不能开盖

27. 熟粉团子必须先将米粉和成（　　），蒸制时才能容易成熟。

A. 紧密的团　　B. 粉浆

C. 松散的糕团　　D. 不加水的粉

28. 莜面加工，磨粉前要锅炒、（　　）时要水烫、制坯后要汽蒸。

A. 和面　　B. 拌面　　C. 揉面　　D. 擀面

29. 制作玉米面坯时，用沸水烫是为了增加玉米面坯的（　　）。

A. 黏性　　B. 糯性　　C. 粳性　　D. 硬性

30. 薯类一般要煮烂塌成泥与（　　）掺和才能调制成团，制作包馅制品。

A. 莜麦粉　　B. 糯米粉　　C. 玉米粉　　D. 小米粉

31. 南瓜饼是用（　　）方法加热成熟。

A. 烤　　B. 烙　　C. 蒸　　D. 炸

32. 窝窝头成熟需用（　　）蒸 10 分钟左右。

A. 微火平汽　　B. 中火热汽

C. 旺火平汽　　D. 旺火足汽

33. 猪肉馅的调制最好选用（　　）。

A. 里脊肉　　B. 前夹心肉　　C. 臀尖肉　　D. 后腿肉

34. 制作莲蓉馅时，莲子一般用（　　）成熟。

A. 铁锅煮　　B. 砂锅煮

C. 不锈钢锅煮　　D. 气锅蒸

35. 水调面坯因水温不同，一般分为（　　）、热水面坯、温水面坯三种。

A. 膨松面坯　　B. 层酥面坯

C. 冷水面坯　　D. 米粉面坯

36. 以下不是调制热水面坯需洒冷水的原因是（　　）。

A. 使面坯不粘手　　B. 帮助驱散热气

C. 防止制品成熟粘牙　　D. 防止出现夹生

37. 煮制品在煮制时，要用手勺将锅中水轻轻沿锅边顺底推动，最大的作用是使生坯不致（　　）。

A. 互相挤压　　B. 互相擦碰

C. 互相粘连　　D. 互相破损

38. （　　）是指使用大量油脂作为传热介质使制品成熟的一种方法。

A. 烤　　B. 煎　　C. 炸　　D. 烙

39. 炸是利用油脂的热对流使生坯成熟，根据油温不同可分为（　　）。

A. 温油炸和烈油炸　　B. 热油炸和烈油炸

C. 烈油炸和冷油炸　　D. 温油炸和热油炸

40. 关于蛋的作用，描述不正确的是（　　）。

A. 提高制品的营养价值，增加制品的天然风味

B. 蛋黄的发泡性能改善面坯的组织状态，从而提高制品的酥松度和柔软度

C. 蛋黄的乳化性能提高制品的抗氧化能力，从而延长制品的保存期

D. 增加面坯的筋力

41. 调制化学膨松面坯时的化学膨松剂主要有两类：一类是（　　），统称为发粉；一类是矾、碱、盐。

A. 小苏打、鲜酵母、发酵粉　　B. 臭粉、干酵母、发酵粉

C. 小苏打、臭粉、泡打粉　　D. 酵母、臭粉、泡打粉

42. 用面肥发酵时，加（　　）量要正确，若加入量大，制品发黄；加入量小，制品发酸且不松发。

A. 食盐　　B. 白糖　　C. 食碱　　D. 清水

43. 用矾、碱、盐调制面坯，先将（　　）用刀拍成细末，再与其他原料兑成液体。

A. 碱　　B. 矾　　C. 盐　　D. 小苏打

44. 烤制时要注意炉温，一般旺火适宜烤制（　　）。

A. 酥条、桃酥等制品　　B. 水油皮类的层酥制品

C. 质地较软的蛋糕类制品　　D. 各种烧饼和酵母发酵面坯类的制品

45. 油炸层酥点心时，一般油温掌握的原则是（　　）。

A. 一直低温　　B. 一直高温　　C. 先低后高　　D. 先高后低

46. 制作马拉糕的面坯是用清水和糖调制的糕浆，所以需要在模具内涂（　　）蒸制。

A. 蛋清　　B. 水　　C. 糖水　　D. 油

47. 和制水油面皮的油最好是用（　　）猪油。

A. 固态　　B. 液态　　C. 温　　D. 热

48. 白皮酥是在起酥擀皮后，包入馅心，收齐剂口，使剂子呈圆形。将包好的坯子面向上，用手掌按成直径约 4 厘米的中间稍凹的（　　），码入烤盘。

A. 方片　　B. 方饼　　C. 圆片　　D. 圆饼

49. 在玫瑰酥的成型中，用水油面做皮，包入干油酥，按扁，擀成长方形，叠成三层，再擀成长方形薄片，在上面铺上搓好的糖馅，卷成直径（　　）的条，再抻长搓细。

A. 1 厘米　　B. 2 厘米　　C. 3 厘米　　D. 4 厘米

50. 暗酥制品一般适宜用（　　）方法熟制。

A. 干烙　　B. 加水烙　　C. 刷油烙　　D. 油煎

51. 佛手酥的制熟过程一般是将生坯放入 180℃烤炉，烤（　　）后取出，在手指上部用红色色素刷上 3 道红线。

A. 10 分钟　　B. 15 分钟　　C. 20 分钟　　D. 25 分钟

52. 糯米粉由于自身的特性一般不能制作（　　）点心，但可以做青团、双酿团等。

A. 油酥　　B. 水调面　　C. 发酵　　D. 膨松类

53. 将糯米粉、面粉按（　　）混合在一起，调制成团，能增加面坯的韧性，使成品不走样，具有软、糯、黏润的特点，如油糕、苏式麻球等。

A. 一定的比例　　B. 一定的种类　　C. 一定的大小　　D. 一定的尺度

54. 糖糕粉坯的糖浆制法：将锅洗净，按（　　）比例放入糖、水，置于火上熬制而成。

A. 1∶1　　B. 2∶1　　C. 3∶1　　D. 4∶1

55. 熟粉粉坯是先将粉料与适量的（　　）拌和后，上笼蒸熟后制成的。

A. 水　　B. 油　　C. 油和水　　D. 糖水

56. 汤圆面坯调制好后搓条用（　　）方法下剂比较适宜。

A. 摘剂法　　B. 切剂法　　C. 拉剂法　　D. 挖剂法

57. 玉兰饼在煎制时需（　　）。

A. 一面煎至金黄　　B. 两面煎至金黄

C. 一面煎黄一面蒸熟　　D. 两面煎至淡黄

58. 梅花蛋糕的熟制是在烤箱中进行的，烤箱温度应为（　　）。

A. 100~150℃　　B. 150~200℃　　C. 200~220℃　　D. 220~300℃

59. 煮制汤圆时，要保持水面（　　）的状态，分数次加少量冷水，直至汤圆成熟。

A. 平静　　B. 沸而不腾　　C. 沸腾　　D. 微热

60. 含胡萝卜素较高的玉米是（　　）。

A. 白玉米　　B. 黄玉米　　C. 硬质玉米　　D. 粉质玉米

61. 制馅一般应选用猪前夹心肉，其特点是（　　），黏性大，吸水性强，制成品鲜嫩卤多，比用其他部位肉制馅滋味好。

A. 肥多瘦少　　B. 瘦多肥少　　C. 肥瘦各占一半　　D. 肥瘦比例适宜

62. 干香菇从外观上可分为花菇、厚菇、薄菇和菇丁，以（　　）营养和质量最好。

A. 花菇　　B. 厚菇　　C. 薄菇　　D. 菇丁

63. 味精易溶于水，味道极鲜美，在（　　）时溶解度最好。

A. 50~60℃　　B. 60~70℃　　C. 70~90℃　　D. 90~100℃

64. 制作大汤包皮时一般选用（　　）擀面杖擀皮。

A. 单擀杖　　B. 面杖　　C. 双擀杖　　D. 平走槌

65. 蔬菜在焯水时有的要加入少量的碱，以保持蔬菜所持有的（　　）。

A. 味道　　B. 形态　　C. 颜色　　D. 质地

66. 在制作下列（　　）肉馅时主料加工可多放一些油脂。

A. 韭菜　　B. 芹菜　　C. 大白菜　　D. 雪菜

67. 关于调制猪肉馅的加水方法不正确的是（　　）。

A. 加水量的多少根据制作的品种而定

B. 加水分多次加入

C. 水必须一次足量加入

D. 搅拌时要顺着一个方向用力搅拌

68. 豆沙馅的出沙率一般是（　　）。

A. 100%~150%　　B. 150%~200%　　C. 200%~300%　　D. 80%~100%

69. 热水面坯表面粗糙的原因是（　　）。

A. 吃水不准　　B. 热水没搅匀

C. 表面没刷油　　D. 没有散尽面团中热气

70. （　　）包馅成型时应注意褶皱均匀、大小规格一致，不得露馅。

A. 月牙蒸饺　　B. 汤圆　　C. 馒头　　D. 馄饨

71. 捏是在（　　）的基础上进行的，是一种综合性的成型技法。它可分为挤捏、推捏、捻捏、折捏、叠捏、扭捏和提捏等。

A. 夹　　B. 裹　　C. 包　　D. 卷

72. 煮主要通过沸水的（　　）使生坯成熟。

A. 传导　　B. 对流　　C. 辐射　　D. 微波

73. 水饺下锅水煮时需（　　）。

A. 沸水、小水量　　B. 冷水、大水量

C. 冷水、小水量　　D. 沸水、大水量

74. 制作菜肉水饺面时，用（　　）调团。

A. 冷水　　B. 热水　　C. 温水　　D. 冰水

75. 化学膨松面坯的原理，即利用某些化学品在面坯中受热后产生一系列（　　）而使得面坯膨胀松软。

A. 固体　　B. 液体　　C. 气体　　D. 气液混合体

76. 制作麻花坯，先要将面坯搓成直径为 20 厘米的短条，放在刷过油的案板盖上湿布醒面，然后搓成直径为 0.5 厘米的细条，再将两头向相反方向拧动，并将细条（　　）拧紧，再对折拧成麻花坯。

A. 对折　　B. 拉长　　C. 叠起　　D. 包卷

77. 三丁包包捏成型，是将面坯摘成面剂，制皮后，包入三丁馅，捏成褶皱形的（　　），即成三丁包生坯。

A. 花样　　B. 花式　　C. 花纹　　D. 花形

78. 蒸制发酵面点时，应使用（　　）蒸制成熟。

A. 旺火冷水　　B. 中火温水　　C. 中火热水　　D. 旺火沸水

79. 面点熟制的炸，分温油炸和热油炸两种，温油炸，油温在（　　）左右，而热油炸，油温一般要烧至七成热。

A. 三成热　　B. 五成热　　C. 七成热　　D. 八成热

80. 酥点中的明酥按切制（　　）的不同可分为直酥和圆酥两种。

A. 刀法　　B. 刀工　　C. 花刀　　D. 刀口

81. 大包酥是将水油面按成中间厚、边缘稍薄的圆形，取干油酥放在（　　），将水油面边缘提起，捏严收口，擀成长方形薄片，再卷成筒形，按量下出多个剂子。

A. 四周　　B. 边上　　C. 靠近中间　　D. 中间

82. （　　）具有中点西做的特点。

A. 京式面点　　B. 苏式面点　　C. 广式面点　　D. 川式面点

83. 传统的黄桥烧饼是用面肥发酵的，需将发酵好的酵面摊开，加入适量（　　）后揉匀、揉透，再醒发一段时间，然后再逐个包酥。

A. 盐水　　B. 糖水　　C. 碱水　　D. 枧水

84. 暗酥制品适宜用高温短时间烤制的品种是（　　）。

A. 较大的品种　B. 较厚的品种　C. 较薄的品种　D. 花色品种

85. 维吾尔族常见的面食是（　　）。

A. 冷面　B. 油泼面　C. 馕　D. 米糕

86. 葱油家常饼是用（　　）熟制方法加热成熟的。

A. 干烙　B. 刷油烙　C. 油煎　D. 水油煎

87. 下列用熟粉粉团制作的制品是（　　）。

A. 麻团　B. 玉兰饼　C. 青团　D. 船点

88. 熟粉粉坯的具体调制方法是先将粉料与适量的水拌和后，（　　），再用机器搅匀或用手揉匀。

A. 上笼蒸熟　B. 下锅煮熟　C. 入炉烤熟　D. 炉中炕熟

89. 芝麻凉卷制坯，需要在案板上撒芝麻末，将搓烂的糯米饭滚上芝麻末，搓成直径为 5 厘米的长条后压成 15 厘米宽的（　　）。

A. 扁片　B. 扁块　C. 扁条　D. 扁段

90. 苏式年糕的成熟是以加糖的（　　）分批加入蒸桶内蒸熟的。

A. 镶粉　B. 糯米粉　C. 大米粉　D. 杂粮粉

91. 莜面磨粉加工前需要（　　）熟。

A. 煮　B. 烤　C. 蒸　D. 炒

92. 在制作荞麦面鱼时需将荞面和高粱面掺和，然后加入（　　），揉匀成团后要醒 15 分钟。

A. 冷水　B. 温水　C. 热水　D. 沸水

93. 下列制品不属于广式面点品种的是（　　）。

A. 芸豆卷　B. 煎堆　C. 沙河粉　D. 虾饺

94. 窝窝头成型的过程是：制窝窝头的面坯经初步搓揉后，双手配合搓成圆球状，然后手指蘸少许凉水，在圆球中间钻一个小洞，并捏成（　　），同时把窝头上端捏成尖形，外表内壁要光滑。

A. 实心的半圆形坯　B. 中空的半圆形坯

C. 中空的圆形坯　D. 实心的圆形坯

95. 小米磨成粉后顺与（　　）一起调制成团，可以制成发酵面坯。

A. 糯米粉　B. 粳米粉　C. 淀粉　D. 面粉

96. 土豆饼的成熟是在平底锅内进行的。少量油锅烧热后把生坯下锅（　　）至金黄色即可。

A. 煎　B. 炸　C. 烙　D. 烤

97. 萝卜丝馅中的猪板油，去皮切小丁，最好用盐拌和腌制（　　）天后使用。

A. 2~3　B. 1　C. 4　D. 5

98. 影响面粉工艺性能的化学成分是淀粉和（　　）。

A. 脂肪　　B. 维生素　　C. 蛋白质　　D. 矿物质

99. 制作芝麻蓉馅，芝麻与白糖的比例一般是（　　）。

A. 1∶0.5　　B. 1∶1　　C. 1∶1.5　　D. 1∶2

100. 热水面坯（　　）筋力、（　　）韧性、（　　）可塑性。

A. 有　有　无　　B. 有　无　无

C. 无　有　无　　D. 无　有　有

二、判断题（下列每题，内容表述正确的，在括号内填“√”；表述错误的，在括号内填“×”）

1. 馅心是指使用动物原料、蔬菜水果和其他辅助原料，经过特定的精细加工制成的具有良好风味的、包在各种米、面坯内部或覆盖在其表面的制品。（　　）
2. 不带汁的蜜饯是煮制后加入砂糖浓缩干燥而成，含水分少，习惯称为蜜饯。（　　）
3. 鸡肉制馅一般选用隔年的鸡胸脯肉。（　　）
4. 虾子是虾类繁殖的卵干制而成。（　　）
5. 用猪圆骨吊汤时应用砍刀砍断骨头后再吊汤。（　　）
6. 蔬菜洗涤时一般都是先切后洗。（　　）
7. 热水面坯色白，有筋力。（　　）
8. 钳花一般是制品成熟后钳制成型。（　　）
9. 煮是指将成型的生坯投入水锅内，利用水受热后产生的温度使生坯成熟的熟制方法。（　　）
10. 炸是指利用少量油脂作为传热介质，利用对流作用使制品成熟的一种方法。（　　）
11. 盐能抑制酵母的繁殖，所以，调制发酵面坯不能加盐。（　　）
12. 面坯中掺入油脂能够提高面点制品的滋润性，起绵软作用。（　　）
13. 电热烘烤是以电为能源，通过热传导和热对流使生坯成熟的一种熟制方法。（　　）
14. 煎的面点熟制方法具有用油少，传热快，烹法快捷的特点。（　　）
15. 水油面皮面粉、水、油的比例一般为 5∶2∶1。（　　）
16. 大包酥一般适用于油酥的大批量生产。（　　）
17. 白皮酥需要在包酥后把面坯按扁，制成厚约 0.6 厘米的长方片，折成三层后再擀开，由上至下卷起成方块形长条，然后摘剂擀皮。（　　）
18. 佛手酥制作过程中，要将生坯稍微窝起，并在中腰处用手捏紧，使其形态更为立体。（　　）
19. 佛手酥生坯一般放置在 240℃烤箱中烤制成熟。（　　）
20. 米粉可以和南瓜泥掺和制作面点。（　　）
21. 米粉类面坯无韧性和可塑性，可包多卤的馅心，吃口润滑、黏糯。（　　）

22. 熟粉团子操作方法是先成熟后成型，成型后的制品可以直接食用。（　　）

23. 年糕是在面坯搓成长条后，撒上椒盐，切成重约 50 克的长方形块即可。（　　）

24. 芝麻凉卷一般选用粳米浸泡后蒸制成熟，制作而成。（　　）

25. 烤制梅花蛋糕用的模具需要事先刷上油，以防粘连。（　　）

26. 玉米面韧性强，松而发硬，并且受潮后不易变软，因此制作面点时，一般须烫熟后方可使用。（　　）

27. 在制作荞麦面鱼时可将荞面和高粱面掺和使用。（　　）

28. 用新鲜蔬菜制馅，一般不需经过摘、洗、切、脱水等初加工。（　　）

29. 在面点的生坯内加入牛奶不但可以改善生坯性能，提高产品的外观质量，增加成品的奶香味，使其风味清雅，还可以提高面点制品的营养价值。（　　）

30. 蔬菜制馅前需要削剔处理，并去皮、去籽，如西葫芦、冬瓜、南瓜等。（　　）

31. 制作萝卜丝馅，500 克的白萝卜需要放猪油 200 克。（　　）

32. 水晶馅最传统的原料是猪板油丁和白糖。（　　）

33. 调制芝麻蓉馅时将芝麻直接碾碎与生板油、白糖、熟粉等原料搓擦均匀即可。（　　）

34. 捏就是将包入或不包入馅心的生坯经双手的指法技巧，按照设计的品种要求，进行成型的方法。（　　）

35. 灌汤蒸饺在包捏成型时，需在饺子皮上包入馅心，捏成月牙形状，并要做到形态美观，馅不外漏。（　　）

36. 传统的鲜肉蒸饺是饺皮上馅后，包捏成美观的秋叶形。（　　）

37. 馅料的配饰可使面点的形态显得更加饱满美观。（　　）

38. 煮水饺，生坯下锅时，不需要边下生坯边用手勺轻轻沿锅边顺底推动水，使生坯不致互相挤压。（　　）

39. 用酵母菌发酵的特点是发酵力强，制品口味醇香。（　　）

40. 蝴蝶蒸卷的面坯是生物性发酵面坯，但为了成型，不能发足。（　　）

41. 菊花蒸卷在成型前，需先把面坯擀成长方形面片，撒盐、刷油、撒葱花等原料，从上向下卷成带有层次的单圆柱形卷。（　　）

42. 蒸制法可以使制品具有形态完整、汁多鲜嫩的特点。（　　）

43. 温油炸适合能够迅速起发的面点品种。（　　）

44. 层酥面坯主要是由水油面和干油酥两块性质不同的面坯经过包、擀、叠等开酥方法制成的具有酥软层次结构的面坯。（　　）

45. 制作花色明酥制品，用来调制干油酥的油用温油。（　　）

46. 大包酥是将包酥后的面坯擀成圆形薄片，直接卷成筒形，按量下出多个剂子的方法。（　　）

47. 葱油家常饼成品的味道是甜咸味。（　　）
48. 白皮酥坯在 160℃烤炉中烤制 30 分钟后，饼呈金黄色即成。（　　）
49. 大米粉按品种可分为糯米粉、粳米粉、籼米粉。（　　）
50. 生粉团子制品用水煮制时一般是冷水下锅，这样便于成熟。（　　）
51. 生粉团制品炸制时一般要低油温下锅焐透，再升高油温炸至金黄成熟。（　　）
52. 莜麦可以制麦片，磨粉后可作为副食、小吃。（　　）
53. 窝窝头成型后，外表需要光滑，内壁不需要光滑。（　　）
54. 调制南瓜饼面坯时一定要将南瓜去皮，切片后蒸烂塌成泥再与糯米粉揉成团。（　　）
55. 莜面饺子坯蒸 15 分钟即可，食时稍晾，待面皮定住粘手时即可。（　　）

中式面点师（高级）理论知识模拟题答案

一、单项选择题

1.A　2.A　3.D　4.C　5.C　6.B　7.D　8.B　9.A　10.C　11.C　12.A　13.B　14.C　15.A　16.B　17.B　18.A　19.C　20.C　21.B　22.B　23.D　24.C　25.D　26.C　27.C　28.A　29.A　30.B　31.D　32.D　33.B　34.D　35.C　36.D　37.C　38.C　39.D　40.D　41.C　42.C　43.B　44.D　45.C　46.D　47.A　48.D　49.A　50.C　51.B　52.C　53.A　54.B　55.A　56.B　57.B　58.C　59.B　60.B　61.D　62.A　63.C　64.C　65.C　66.D　67.C　68.C　69.D　70.A　71.C　72.A　73.D　74.A　75.C　76.A　77.C　78.D　79.B　80.A　81.D　82.C　83.C　84.C　85.C　86.C　87.C　88.A　89.A　90.A　91.D　92.B　93.A　94.B　95.D　96.A　97.A　98.C　99.B　100.D

二、判断题

1.√　2.×　3.×　4.√　5.√　6.×　7.×　8.×　9.√　10.×　11.×　12.√　13.×　14.√　15.√　16.√　17.×　18.√　19.×　20.√　21.×　22.√　23.×　24.×　25.√　26.×　27.√　28.×　29.√　30.√　31.×　32.√　33.×　34.×　35.√　36.×　37.√　38.×　39.√　40.√　41.×　42.√　43.×　44.√　45.×　46.×　47.×　48.×　49.√　50.×　51.√　52.×　53.×　54.√　55.×

中式面点师（高级）理论知识试卷

注 意 事 项

1. 本试卷依据 2018 年颁布的《国家职业技能标准 中式面点师》命制，考试时间为 90 分钟。
2. 请在试卷的标封处填写姓名、准考证号和所在单位的名称。
3. 请仔细阅读答题要求，在规定的位置填写答案。

	一	二	三	四	五	总分
得分						

一、填空题（在空白处填上答案，每空0.5分，共20分）

1. 制馅中常用的豆类有______、______等，因其淀粉含量高，制成馅口感细腻、爽滑。
2. 芝麻有 ______、______、______三种，在去皮之前统称为糙麻。芝麻表皮粗糙无光泽，又带苦涩味，所以除黑芝麻有时用于点缀外，在制馅前一般都必须将外皮进行处理。
3. 干货水发主要有______、______、______、______等方法。
4. 馅料的形状处理有______、______、______、______、______等方法。
5. 馅料的形状有______、______、______、______、______、______、______。
6. 常见的水调面坯按其性质可分为______、______、______、______等。
7. 面筋的特性有______、______、______、______。
8. 面点熟制工艺中经常使用的传热介质有______、______、______、______等。
9. 根据成品表现形式，层酥类面点制品分为______、______、______三种。
10. 镶粉的种类很多，按照行业术语来分有一九、______、______、______、______几种。

二、名词解释（每题2分，共10分）

1. 面粉的熟化
2. 熟甜馅
3. 熟素馅
4. 温水面坯
5. 抻

三、单项选择题（在下列每小题的四个备选答案中选出一个最佳答案，并将其字母标号填入题干的括号内。每题1分，共20分）

1. 为了增加肉馅的水分含量，应该加入（　　）才利于肉馅成型。
   A. 冷水　B. 热水　C. 温水　D. 皮冻
2. 青菜馅制作时需要在馅料中加入（　　）和植物油进行调味。
   A. 盐、味精　B. 白糖、味精　C. 盐、白糖、味精　D. 盐、白糖
3. 熟鸡肉馅是将（　　）切成丁用水淀粉浆过，滑熟待用。
   A. 鸡肉和猪肥瘦肉　B. 鸡肉和羊肉　C. 鸡肉和鱼肉　D. 鸡肉和青菜
4. 温水面坯色泽（　　），筋力、韧性、可塑性（　　）。
   A. 暗　较好　B. 暗　较差　C. 白　较好　D. 白　较差
5. 温水面坯一般用（　　）左右水温调制，劲性中等，可塑性较强。
   A. 0~30℃　B. 30~35℃　C. 55~60℃　D. 70~90℃
6. 热水面坯的调制描述不正确的是（　　）。
   A. 热水要浇匀　B. 要凉透
   C. 加水量比冷水面坯少　D. 要揉匀
7. 成品规格、形态、面坯厚薄、馅心多少灵活多样，是成型手法（　　）的特点。
   A. 切　B. 包　C. 卷　D. 搓
8. 捏所做的品种要符合产品要求，（　　）。
   A. 色泽鲜明，大小一致　B. 大小一致，口感酥松
   C. 色泽鲜明，口感酥松　D. 形象逼真，规格一致
9. 馅心调制适当与否，对成品熟制后的（　　）能否保持“不走样”“不塌”亦很有关系。
   A. 形制　B. 形态　C. 规格　D. 形体
10. 干烙和加水烙的区别就在于加热时锅内加不加（　　）。
    A. 油　B. 油水　C. 水　D. 其他液体
11. 干烙就是在烙制时，（　　）表面既不刷油也不洒水，直接将生坯放入锅内烙制成熟。
    A. 锅内　B. 生坯　C. 锅边　D. 锅内和生坯
12. 炸是指使用大量油脂，利用（　　）作用使制品成熟的一种方法。
    A. 传导　B. 对流　C. 辐射　D. 导热
13. 热油炸，适合于能够迅速起发的品种，如矾碱盐面坯成品。油温一般要七成热，在操作时要注意制品色泽的变化，避免出现（　　）。
    A. 嫩黄色斑　B. 深黄色斑　C. 夹生现象　D. 焦煳现象

14. 菊花蒸卷成型：在卷拢成圆柱形面卷的顶端，用刀切成剂子（花卷），将切好的两个小花卷底对底平放，底部少抹些水，用筷子在小花卷的（　　）处夹一下，形成四个有层次的圈，并在四个圆圈的顶端切开使之形似菊花。

A. 1/2　　B. 2/3　　C. 3/4　　D. 1/5

15. 煎就是在平底锅内加入少量油，依靠锅体和油脂的（　　）使生坯成熟的方法。有油煎和水油煎两种。

A. 热传导　　B. 热辐射　　C. 热对流　　D. 热传导和热对流

16. 煎的面点品种具有外壳香脆、色泽（　　）、油香扑鼻、馅心嫩鲜的特点。

A. 金黄　　B. 深黄　　C. 牙黄　　D. 嫩黄

17. 水油煎的煎制一般以（　　）火为主。

A. 中小　　B. 中大　　C. 小中　　D. 小

18. 制作开花馒头，需要把白糖与酵面揉透、揉匀，醒发 20 分钟后搓条摘剂，（　　），掐口向上，放在笼屉上，用旺火蒸 15 分钟即成。

A. 不搓不揉　　B. 只搓不揉　　C. 只揉不搓　　D. 又搓又揉

19. （　　）不是层酥面坯起酥的关键。

A. 擀制面皮用力要均匀　　B. 每次擀制折叠一次要均匀刷上油

C. 要注意折叠次数和擀制的厚薄　　D. 包酥时要将酥心包在正中间

20. 在水油面调制时，为了使油和水在面坯中分布均匀，和面时要采用（　　）、摔的手法进行。

A. 搋揉　　B. 揉搓　　C. 擦搓　　D. 擦捏

四、多项选择题（下列每题中有多个选项，请将正确答案的字母标号填在题干的括号内。多选或少选不得分。每题2分，共20分）

1. 根据硬度皮冻大体分（　　）。

A. 硬冻　　B. 软冻　　C. 肉冻　　D. 水冻　　E. 水晶冻

2. 采用抻的成型方法制作的点心有（　　）。

A. 一窝丝酥　　B. 盘丝饼　　C. 龙须面　　D. 鱼汤面　　E. 煨面

3. 采用搓的成型方法制作的点心有（　　）。

A. 麻花　　B. 猫耳朵　　C. 莜面卷　　D. 馒头　　E. 馓子

4. 火候可分为（　　）几种。

A. 大火　　B. 中火　　C. 小火　　D. 微火　　E. 萤火

5. 面坯按属性一般分为（　　）等。

A. 水调面坯　　B. 发酵面坯　　C. 油酥面坯　　D. 米粉面坯　　E. 其他面坯

6. 膨松类面坯主要分为（　　）等几类面坯，每类面坯都有它的个性和特点。

A. 生物膨松面坯　B. 化学膨松面坯

C. 物理膨松面坯　D. 米粉面坯　E. 浆糊类面坯

7. 下列点心中，（　　）是膨松类点心。

A. 花卷　B. 文楼汤包　C. 翡翠烧卖　D. 馒头　E. 沙琪玛

8. 按照酵面的制作方法可分为（　　）等几种。

A. 碰酵面坯　B. 呛酵面坯　C. 烫酵面坯　D. 化学膨松面坯　E. 其他面坯

9. 饮食行业中传统的验碱方法是（　　）等几种。

A. 嗅　B. 尝　C. 揉　D. 拍　E. 看

10. 根据操作时的手法分，层酥面坯分为（　　）等几种。

A. 大包酥　B. 小包酥　C. 中包酥　D. 正包酥　E. 反包酥

五、判断题（下列判断题中正确的请在括号内打“√”，错误的请打“×”。每题1分，共30分）

1. 常用于制馅的干菜类原料在制馅前均需焯水。（　　）
2. 花生油常温下呈固态。（　　）
3. 调制蔬菜馅心前，先将蔬菜焯水，可以除去部分水分，以免馅心含水量太高。（　　）
4. 猪肉馅调制的肥瘦比例一般是2:8。（　　）
5. 包就是将各种荤料的馅料通过操作与坯料合为一体，成为半成品或成品的方法。（　　）
6. 捏是在包的基础上进行的，是一种综合性的成型技法，可分为挤捏、推捏、捻捏、折捏、叠捏、拿捏等。（　　）
7. 菜肉水饺和面，是将特级面粉加热水搅成面絮，再揉成面坯，用湿布盖上醒发。（　　）
8. 三丁包一般先捏皮，然后包入三丁馅，最后蒸制成熟。（　　）
9. 烤制法的主要特点是温度高，易于把控，制品受热均匀。（　　）
10. 暗酥就是酥层在制品内部，表面看不到酥层的油酥制品。（　　）
11. 卷酥和叠酥不同，卷酥酥层厚、层次清楚、胀发性大，而叠酥酥层较薄、层次多、均匀。（　　）
12. 较大的暗酥制品一般选用加水烙的方法成熟。（　　）
13. 黏质糕粉坯的调制，是将粉料拌后，上笼蒸熟，再用搅拌机搅至表面光滑不粘手。（　　）
14. 驴打滚属于广式点心。（　　）
15. 熟粉团子调制是先用冷水调制成紧密的团再上笼蒸熟。（　　）
16. 青稞磨制的粉较为粗糙，色泽白亮，口感发黏，食用方法与小麦粉相同。（　　）
17. 小米可单独制成干饭、稀粥，磨粉后可制成窝头、丝糕及各式糕饼，不可与其他粮食混合使用，制成品带有特殊香味。（　　）

18. 甘薯肉质块根内部有大量乳汁管，割开块根表皮，会从中沁出白色乳汁。（ ）
19. 小米磨成粉后可以直接制作成发酵面点。（ ）
20. 调制莜面饺子面坯，一般要用沸水烫面，水与面的比例为 1：1 左右。（ ）
21. 玉米粉能单独成团，可以发酵成酵面。（ ）
22. 土豆饼的成熟，是以少量油烧热后把生坯下锅，煎至两面金黄色即可。（ ）
23. 泡泡油糕是西安名点之一。（ ）
24. 包捏白菜饺的叶需要将面皮边分成五等分，制成菜叶。（ ）
25. 饴糖具有抗蔗糖结晶，防止上浆制品发烊、发砂的作用。（ ）
26. 矾碱盐这类膨松剂必须同时使用才能受热时产生二氧化碳气体。（ ）
27. 高桩馒头是用呛酵面制作的。（ ）
28. 油条面坯必须和匀、醒透。（ ）
29. 炸制开口笑时需待油温升至 200℃时，将生坯适量地放入锅内，用炒勺轻轻地搅动，炸至制品浮起后慢慢地翻动，使受热均匀。（ ）
30. 干油酥是面粉和油调制而成的面坯。（ ）

中式面点师（高级）理论知识试卷答案

一、填空题

1. 赤豆、绿豆
2. 黑、白、黄
3. 泡、煮、焖、蒸
4. 绞法、擦法、切法、剁法、研磨或粉碎
5. 丝、丁、粒、末、沙、泥、蓉
6. 冷水面坯、温水面坯、热水面坯、浆糊类面坯
7. 延伸性、弹性、韧性、比延伸性
8. 水及水蒸气、油、空气、金属
9. 明酥、暗酥、半明半暗酥
10. 二八、三七、四六、五五

二、名词解释

1. 将干面粉通过加热使蛋白质变性，从而降低面粉中面筋的含量，称为面粉的熟化。
2. 熟甜馅是指以植物的种子、果实、根茎等为主要原料，用糖、油炒制而成的一类甜馅。
3. 熟素馅是以腌制和干制蔬菜等为主料，经过加工处理和烹制调味而成的馅心。
4. 温水面坯是指用50~60℃的水与面粉直接拌和、揉搓而成的面坯。或者指用一部分热水先将面粉调成雪花状，再淋上冷水拌和、揉搓而成的面坯。
5. 抻是将调制好的柔软面坯，经双手反复抖动、抻拉、扣合，最后扣合、抻拉成条状、丝状等形状面点制品的方法。

三、单项选择题

1.D 2.C 3.A 4.C 5.C 6.C 7.B 8.D 9.B 10.C 11.D 12.B 13.D 14.A 15.D 16.A
17.A 18.A 19.B 20.C

四、多项选择题

1.AB 2.ABC 3.ABC 4.ABCD 5.ABCDE
6.ABC 7.AD 8.ABC 9.ABCDE 10.AB

五、判断题

1.× 2.× 3.√ 4.× 5.× 6.× 7.× 8.× 9.√ 10.√ 11.× 12.× 13.√ 14.× 15.×
16.× 17.× 18.× 19.× 20.√ 21.× 22.√ 23.√ 24.√ 25.√ 26.× 27.√ 28.√
29.× 30.√

参考文献

[1] 陈洪华，李祥睿．面点造型图谱 [M]. 上海：上海科技出版社，1999.

[2] 朱在勤，陈洪华．中式面点技艺 [M]. 大连：东北财经大学出版社，2003.

[3] 李祥睿，陈洪华．中式糕点配方与工艺 [M]. 北京：中国纺织出版社，2013.

[4] 周晓燕，陈洪华．中国名菜名点 [M]. 北京：旅游教育出版社，2004.

[5] 陈洪华，李祥睿．中式面点加工工艺与配方 [M]. 北京：化学工业出版社，2018.

[6] 陈洪华，李祥睿．中式面点制作教程 [M]. 北京：化学工业出版社，2020.

[7] 董德安. 淮扬面点五百种 [M]. 南京：江苏科技出版社，1995.

[8] 邱庞同. 中国面点史 [M]. 青岛：青岛科技出版社，2010.

[9] 邵万宽. 中国面点文化 [M]. 南京：东南大学出版社，2014.